티소믈리에를 위한

홍차 속의 인문학

영국식 홍차의 르네상스

티소믈리에를 위한

홍차 속의
인문학

저자 **Cha Tea 紅茶敎室** | 감수 **정승호**

영국식 홍차의
르네상스

한국 티소믈리에 연구원

홍차는 동백나뭇과의 상록수인 카멜리아 시넨시스$^{Camellia\ sinensis}$ 종의 새싹을 가공해 만드는 음료이다. 재배 및 생산국은 아시아, 아프리카권에 집중돼 있지만, 소비국은 아시아뿐만 아니라 아메리카, 서양의 여러 국가에 퍼져 있다.

오늘날 우리가 마시고 있는 홍차의 가공 방식은 19세기에 확립되었다. 소비국가인 영국의 사람들이 자국에서 생산할 수 없는 홍차를 노동자 계층에까지 널리 보급하기 위해 홍차의 가공 과정을 기계화하고, 식민지였던 인도에서 대량으로 생산한 것이 그 시초이다. 홍차를 생산하기 위한 차나무의 재배 계획은 그 후 스리랑카(당시에는 실론), 아프리카 등 여러 나라들로 퍼져 나가 오늘날에는 생산국이 무려 30개국 이상이나 된다. 그리고 이렇게 개척된 생산국에서도 홍차의 음료 문화가 발전하였기에 세계 어디를 여행하더라도 홍차를 마시는 사람들의 모습을 볼 수 있게 되었다.

그런데 같은 찻잎을 사용하는 것이지만 홍차만큼 나라마다 준비해 마시는 방법이 다양한 음료도 또 없을 것이다. 인도의 사람들이 무더위 가운데에서도 선호하는 향신료와 우유, 그리고 설탕이 든 차이, 스리랑카의 분말 우유를 녹인 키리 티$^{kiri\ tee}$, 영국의 호텔에서 마시는 우아한 애프터눈 티$^{afternoon\ tea}$, 헝가리와 러시아에서 즐기는 레몬 티, 프랑스의 살롱 드 테$^{salong\ de\ thé}$에서 제공되는 플레이버드 티, 아메리카에서 다량으로 소비되고 있는 페트병의 아이스티. 여러분이 상상하는 티타임은 어떤 것인가?

나라와 지역에 따라 홍차를 마시는 방식은 다르지만, 어느 나라 사람이든 홍차는 생활에서 빠질 수 없는 음료이다. 또한 각각의 즐기는 방식의 긍지, 역사, 홍차에 따르는 찻잔과 다과의 문화도 매우 다양하게 형성되어 있다.

이 책은 서양에 티 음료의 문화가 확립되면서 차나무가 세계적인 규모로 재배될 때까지의 역사, 가공 방식의 기술, 홍차 생산국의 소개, 홍차를 맛있게 우리는 방법, 홍차를 보다 맛있게 즐기기 위해 개발된 찻잔, 홍차 풍경을 그린 화가, 홍차를 마시는 세계 각국의 방법, 세계의 홍차를 주제로 한 명소 등 매우 폭넓게 홍차의 모습을 소개하려고 한다.

서양에 티가 전해진 지 400년! 이 짧은 기간에 이토록 놀라울 정도로 많은 사람들을 매료시킨 홍차. 그 맛있는 홍차를 주제로 하여 세계 여행을 떠나보자. 이 책을 다 읽을 즈음에는 홍차가 예전보다 훨씬 더 맛있게 될 것이다.

Cha Tea Koucha Kyoushitsu
: 일본의 홍차 관련 유명 컨설팅 업체.

오늘날 전 세계의 티 시장은 다양한 티들이 각축전을 벌이면서 새롭게 재편되고 있습니다. 이러한 상황에서 세계의 티 전문가들은 오는 2050년까지 서양의 홍차를 중심으로 한 세계의 티 산업이 젊은 계층을 중심으로 티백, RTD 티 등의 '상업용 티(Industrial Tea)'와 잎차 등의 '스페셜티 티(Specialty Tea)'의 두 시장으로 양분되어 두 시장이 각기 다른 양상을 보이면서 크게 성장할 것으로 내다보고 있습니다.

또한 티백이든지, 고급 홍차든지 간에 서양의 홍차 산업과 문화의 근간을 이루는 '영국식 홍차(British black tea)'의 문화도 이러한 시장의 성장세와 함께 다시 전 세계로 확산되어 '제2의 르네상스기'를 맞고 있습니다.

이러한 상황에서 한국 티소믈리에 연구원에서 홍차가 서양으로 전해진 지 400년이 된 지금, 19세기 당시 세계사에 일대 변화를 몰고 왔던 '영국식 홍차'로 인해 탄생한 인문학적인 이야기들을 총망라한, 『홍차 속의 인문학』을 첫선을 보입니다.

이 책은 〈티소믈리에를 위한 영국식 홍차 문화의 이야기〉 시리즈 전3권에서 제1권, 『영국 찻잔의 역사·홍차로 풀어보는 영국사』에 이은 제2권으로서, 앞으로 출간될 제3권 『영국식 홍차의 역사』와 함께 '영국식 홍차 속의 문화 이야기'를 담고 있습니다.

특히 이 책은 홍차가 티타임을 통해 생활 속에 스며들면서 일대 변화를 몰고 와 등장한 역사, 문화, 사회, 명화, 영화, 동화 등 다양한 분야의 이야기들을 총망라하고 있어, 홍차를 통해 세계의 인문학을 엿볼 수 있습니다.

또한 '명작 속에 나타난 티타임'과 서양을 중심으로 한 '세계의 티타임'은 영국식 홍차가 세계의 생활문화에 불러왔던 패러다임의 거대 변화도 잘 보여주고 있는데, 이를 통해서는 홍차가 단순히 하나의 음료로 그치는 것이 아니라, 세계사에 큰 획을 그은 모티브였음을 알 수 있습니다. 특히 '세계의 홍차 명소'는 세계 여행을 즐기는 수많은 독자들에게도 매우 큰 흥밋거리를 안겨주고 있어 여러모로 도움이 될 것으로 보입니다.

이 책이 전 세계적으로 티의 제2의 르네상스기를 맞아, '영국식 홍차의 세계'에 처음 들어서려는 분들이나 식음료계 종사하면서 최근 트렌드로 부각되고 있는 애프터눈 티 등 '영국식 홍차의 음식 문화'에 깊은 관심을 가진 분들에게 홍차에 관한 역사, 문화, 사회, 예술 등의 배경 지식을 소개해 '홍차에 관한 인문학적인 이해도'를 더욱더 높여 줄 것으로 믿어 의심치 않습니다.

정승호

사단법인 한국티협회 회장

한국 티소믈리에 연구원 원장

Contents

제 1 장

❖ ❖ ❖

홍차의 역사

❖ ❖ ❖

중국, 일본에서 생산된 녹차는 대항해 시대에 바다를 건너가면서 서양의 여러 나라에서도 즐길 수 있게 되었다. 서양의 물과 생활습관에 따라 녹차는 조금씩 그 모습이 바뀌어 오늘날 우리가 마시고 있는 홍차로 변화해 갔다.

∽ 대항해 시대와 티 ∽

차나뭇과 동백나무속의 상록수인 카멜리아 시넨시스^{Camellia sinensis} 종의 차나무는 원산지가 중국 윈난성^{雲南省}으로 알려져 있다. 그리고 기원전 2700년경에 찻잎을 약용으로 사용하였다는 기록이 남아 있다. 이후 찻잎을 가공한 녹차가 탄생한 뒤, 선종 사찰을 중심으로 중국 전역에 널리 보급되었다. 8세기에 이르러서는 일본에도 전파되었다.

15세기부터 시작된 대항해 시대를 거쳐 동서 무역이 활발해지자, 티는 동양특유의 음료 문화로서 서양인들로부터 큰 주목을 받았다. 서양인으로서 최초로 티에 대한 정보를 책으로 펴낸 사람은 베네치아의 조반니 바티스타 라무지오^{Giovanni Battista Ramusio, 1485~1557}로 알려져 있다. 그는 많은 여행가들과의 인터뷰를 바탕으로 1545년에 『항해와 여행^{Navigations and Travels}』을 저술하였다. 그 가운데 페르시아의 상인으로부터 들은 이야기로 티에 관한 다음과 같은 기술이 있다.

> 티는 쓴맛이 나는 음료이다. 중국에서는 사발에 찻잎을 넣은 뒤 위에서 뜨거운 물을 붓고 찻잎을 남겨 둔 채로 마시지만, 일본에서는 찻잎을 갈아 가루로 만든 뒤 뜨거운 물에 넣어 마신다. 동양인들은 항상 즐겨 마시고, 약효가 있다고 믿는다는 등.

이러한 여행가들의 책들은 당시 큰 인기가 있어 미지의 나라에 대한 사람들의 동경심을 불러일으켰다. 1595년에는 네덜란드의 해양학자 얀 하위헌 반 린스호턴^{Jan Huygen van Linschoten, 1563~1611}이 인도 항해 도중에 보고 들은 아시아의 문화에 대한 일들을 『항해담^{Discours of voyages into Y East & West Indies}』으로 정리하였다. 이 책 속에는 일본에서 티를 마시는 습관과 예절에 관한 내용이 수록되어 있는데, 티는 '차^{Chaa}'로 소개되고 있다. 이 『항해담』은 이후 1598년에 영어, 독일어로, 1610년에 프랑스어로 번역되어 서양 세계에 폭넓게 보급되었다.

이러한 흐름 속에서 당시 일본과 교류가 깊었던 네덜란드의 동인도 회사는 1610년에 일본 히라도^{平戸} 항구에서 티를 수출하는 데 성공하면서 그 귀중한 티를 네덜란드 암스테르담 항구로 운송할 수 있었다. 1615년에는 히라도에 입항해 있던 영국의 동인도 회사 주재원도 '수도^{首都}에 있는 양질의 티를 한 통 보내 달라'고 동료에게 서신을 보냈다. 1630년대에는 네덜란드 동인도 회사의 총독으로부터 히라도의 무역관장에게 '가격이 다른 일본 티 3종류를 10근(1근이 약 600그램)씩, 합계 30근을 본국에 보내길 바란다'는 의뢰 내용의 편지도 전달되었다.

티는 대항해 시대의 동서 무역을 거쳐 서양에 정기적으로 수입되어 서양인의 생활에 깊숙이 스며들었던 것이다.

● 티는 중국을 대표하는 특산품이었다(1860년판).

암스테르담호

네덜란드의 동인도 회사는 정식 이름이 '연합 동인도 회사'Vereenigde Oostindische Compagnie'이며, 로고 마크인 'VOC'는 그 약칭이다. 1602년에 설립된 이 회사는 세계 최초의 주식회사로 알려져 있다.

암스테르담에 위치한 네덜란드 국립해양박물관에는 동인도 회사의 선박인 '암스테르탐호'의 레플리카가 계류되어 있다. 선내에는 당시의 모습이 재현되어 있다.

선내는 매우 어둡고 좁아, 당시의 선원들이 이런 배를 타고 1년이나 걸려 동양까지 여행하였다는 사실에 매우 놀라울 뿐이다. 선원은 비좁은 침대에 누워 빛이 거의 들어오지 않는 선실에서 생활하였는데, 풍랑이 일 때면 오로지 선적된 짐을 지키느라 살아서 고국으로 돌아가지 못한 사람도 매우 많았다. 선원들의 식사가 재현되어 있지만, 비타민 C의 부족으로 인해 수많은 사람들이 병에 걸린 것도 충분히 이해될 만하다.

그런 암스테르담호의 선내 바닥에는 동양에서 운송되어 온 보물들이 전시되어 있다. 황금처럼 소중하게 실어 온 그 물건은 너트메그nutmeg, 시나몬cinnamon, 홍차, 도자기 등 동양의 상품이었다. 모두 동인도 회사의 로고 마크가 찍힌 상자 안에 담겨 운송되었다.

● 네덜란드의 항해술이 집대성된 암스테르담호의 레플리카.

네덜란드 국립해양박물관
The National Maritime Museum
Kattenburgerplein1, Amsterdam, Netherlands
https://www.hetscheepvaartmuseum.nl/

티의 수입을 장악한 네덜란드의 동인도 회사는 고가의 상품인 티를 인접국의 왕궁에 소개하고 티를 판매해 수입을 올리려고 하였다. 1635년에는 프랑스의 왕궁에 티가 소개되었다. 그러나 프랑스에서는 당시 스페인에서 시집온 왕비가 지참금 대신에 가져온 초콜릿 음료가 큰 인기를 끌었던 탓에 티는 초콜릿과의 경쟁에서 밀려났다. 그러나 '태양왕'으로 불리던 루이 14세^{Louis XI, 1638~1715}는 비만과 통풍을 예방하기 위해 주치의로부터 처방을 받아 정기적으로 티를 마셨다는 기록이 남아 있다.

● 러시아의 미술관에 소장되어 있는 아름다운 작은 상자의 뚜껑
에 그려진 러시아 귀족의 티타임.

러시아의 티 음료 문화는 표트르 대제^{pyotr, 1672~1725} 시대부터 시작되었다. 1689년에 체결한 '네르친스크 조약'에 따라 중국의 청나라와 러시아는 매우 긴밀한 관계로 발전하였다. 네르친스크 조약을 체결할 당시에 중국 측이 러시아에 티를 선물로 준 것을 계기로, 러시아는 녹차를 중국으로부터 정식으로 수입하였다. 또, 이 조약에 따라 티뿐 아니라 중국산 일상용품과 도자기 등도 수입되면서, 러시아에서는 '시누아즈리^{Chinoiserie}'(중국풍)가 큰 주목을 받았다.

중국에서 티를 육로로 가져오는 소규모의 상인들은 '카라반'이라 불렸는데, 모스크바까지 1만 8000km에 이르는 길을 무려 1년 반이나 걸리면서 운송하였다. 동양 문화뿐만 아니라 서양 사절단의 일원으로서 서양 순방을 경험한 표토르 대제는 네덜란드와 영국에서 접한 티 음료의 문화를 즐겁게 받아들여 티를 즐겨 마셨다고 한다.

● 설원에서 짐을 나르고 있는 러시아 카라반.
(The Illustrated London News/1891년 8월 22일)

그 후로도 로마노프 왕조$^{Romanov \, dynasty}$의 역대 왕들은 티를 끔찍이 사랑하여, 러시아에서는 티를 우리는 도구인 사모바르^{samovar}와 레몬을 넣어 마시는 레몬 티 등의 독자적인 티 문화를 꽃피웠다.

영국에서는 포르투갈의 왕녀인 캐서린$^{Catherine \, of \, Braganza, \, 1638~1705}$이 1662년에 정략결혼으로 찰스 2세$^{Charles \, II, \, 1630~1685}$에게 시집오면서 티 음료의 문화를 처음으로 소개하였다. 브라간자 왕가는 이 결혼식 때 영국에 인도의 봄베이(현재 뭄바이)와 북아프리카의 탕헤르를 양도하고, 브라질과 서인도 제도에 대한 자유 무역권도 이양하였다. 그리고 캐서린은 혼수품으로 티와 설탕, 그리고 향신료를 대형 선박 3척의 선저를 가득 채울 만큼 대량으로 가져왔다.

선박을 타고 영국으로 떠나는 여행에서 휴대용 다기를 챙겨 배 멀미에 대비하던 캐서린은 궁정에서도 자주 티 모임을 갖곤 하였는데, 티만 소지한 것이 아니라 그것을 우려내 즐기는 비싼 동양의 다기도 갖추고 있었고, 세련된 예절도 겸비하여 많은 사람들로부터 사랑을 받았다. 이 시대에 티를 마시는 장소는 침실과 접한 작은 방인 '클로젯 룸$^{closet \, room}$'이었다. 캐서린이 자주 방문했다는 런던 교외에 위치한 신하의 저택은 '햄하우스$^{Ham \, House}$'였는데, 이곳에는 캐서린이 티를 즐겼다는 클로젯 룸이 잘 보존되어 있다. 그것은 당시 드레스 차림의 귀부인 3~4명 정도가 겨우 들어갈 수 있는 작은 방이었다. 클로젯 룸에 들어갈 수 있는 사람은 한정되어 있었기 때문에 왕비의 티 모임에 초청되었다는 사실은 대단히 큰 명예였다. 티를 즐기는 문화를 영국의 왕궁에 전파시킨 캐서린은 '더 퍼스트 티 드링킹 퀸$^{the \, first \, tea \, drinking \, Queen}$'이라 칭송을 받게 되었다.

그녀의 덕분에 인도 무역의 거점을 손에 넣은 영국의 동인도 회사는 동남아시아를 경유하여 티를 수입하는 데 성공하였다. 1664년에는 인도네시아로부터 은상자에 든 시나몬 오일과 양질의 녹차를 수입하여 왕실에도 공납하였다. 이 티는 찰스 2세로부터 왕비에게 보내졌다. 그 뒤 티는 헌상품의 목록에 반드시 포함되었다고 한다.

● 영국 티 음료 문화의 시조가 된 캐서린(1808년판).

● 18세기 초에 영국 귀족들이 즐겼던 모닝 티를 준비하는 과정의 재현 모습.

∽ 커피 하우스와 티 가든 ∽

영국에서 티가 널리 일반에 소개된 것은 1657년 런던의 익스체인지 앨리
^{Exchange Alley}에 있던 커피 하우스인 개러웨이스^{Garraway's}에서였다.

커피 하우스는 오늘날 커피숍의 선구적인 시설로, 최초로 등장한 곳은 오스
만 제국(오늘날의 터키)의 수도인 콘스탄티노플이었다. 이국적인 정서가 물씬
풍기는 커피 향에 영국인들도 곧바로 매료되었다.

● 커피 하우스는 정보 교환, 의논, 업무를 위해 인맥을 넓힐 수 있는 장으로서도 활용되었다.
(William Holland/1798년/1943년판)

최전성기 무렵에 커피 하우스는 런던에만 3000개나 있었다고 한다. 이 정도로 커피 하우스가 인기가 높았던 것은 금욕의 시대, 술을 내놓는 주점보다 무알코올성 음료를 내놓는 커피 하우스가 바람직한 사교장으로서 주목을 받았기 때문이다. 또, 당시 유행하였던 페스트병에 커피 특유의 향기가 그 예방에 효능이 있다는 속설도 큰 영향을 주었다. 그리고 커피보다 한발 늦게 들어온 티도 1657년에 처음으로 개러웨이스 커피 하우스에서 소개되었다. 그 뒤 티는 동양의 신비스러운 약으로서 대부분의 커피 하우스에서 제공되기 시작하면서 큰 인기를 얻었다.

커피 하우스에 들어가는 데는 계층에 따른 제한은 없었지만, 오직 남성만 들어갈 수 있었다. 입장료는 1페니, 음료도 평균 한 잔에 1~2페니였다. 1페니만 지불하면 하루 종일 머무를 수 있고, 그곳에 출입하는 사람들로부터 수많은 지식들을 접할 수 있는 장소라는 점에서 커피 하우스는 이른바, '페니 유니버시티^{penny university}'라 불렸다.

커피 하우스에서는 티만 마시는 것이 아니라 희망하는 손님에게는 티를 우리는 방법까지도 가르쳐 주었다. 티를 우리는 방법은 아시아의 여러 나라를 방문한 경험이 있는 상인과 여행자들의 조언을 바탕으로 한 것이었다고 한다. 티는 주전자나 냄비로 끓여 우려낸 뒤, 맥주와 같이 나무통 속에 액체 상태로 보관하였다. 그리고 수시로 나무통에서 주전자로 옮겨 담은 뒤 큰 난롯불로 다시 데워서 손님에게 내었다. 다기에 관해서는 딱히 정해져 있었던 것은 아니고, 맥주 머그잔과 같은 도기들이 대부분이었다.

맨 처음에는 남성을 위한 문화로서 자리를 잡아 온 티였지만, 왕궁에서 왕비들이 즐겨 마신 영향을 받아 1717년에는 가정용 소매가 '톰의 커피 하우스^{Tom's Coffee House}'의 새 점포인 '골든 라이온^{Golden Lion}'에서 시작되었다. 그리고 1730년경쯤에는 커피 하우스 대신에 새로운 사교장으로서 '티 가든^{tea garden}'이 번성하기 시작한다.

티 가든은 런던 교외의 전원 지역에 조성된 거대한 정원을 산책하면서 티를 즐길 수 있는 오락 시설로 4월~9월 햇살 좋은 계절에 매주 3~4일씩 개장되었다. 계층의 출입 제한이 없어서 여성과 어린이도 입장할 수 있는 티 가든은 온 가족들이 함께 방문할 수 있는 귀중한 오락장이었다. 주말에는 티 가든으로 가는 길이 마차로 정체가 일어날 정도로 붐볐다.

티 가든 부지에는 늘 아름다운 식물들이 심겨 있었고, 인공 연못과 조각상들이 조화롭게 배치되어 있었다. 또, 산책로와 함께 높은 울타리로 둘러싸인 미로도 마련되어 이곳을 찾은 사람들의 흥미를 더해 주었다. 이곳 내에는 '티 하우스'라는 지붕이 딸린 건물이 들어서 있었는데, 버터를 바른 빵 등 가벼운 음식과 함께 티, 커피, 초콜릿 등 음료가 제공되었다. 티 가든의 인기가 높아지자, 여성들을 중심으로 가정에서도 티를 마시는 습관이 정착되면서 티의 소비에도 큰 영향을 주었다.

● 티 가든에는 실내에서 티를 즐길 수 있는 거대한 시설도 건축되었다(1880년판).

티를 받침 접시로 마셔

17세기말, 네덜란드에서 시작한 좀 기묘한 에티켓이 있다. 그것은 티 볼에 따른 티를 받침 접시에 옮겨 마시는 습관이었다.

네덜란드에서 시작하여 프랑스, 독일, 오스트리아, 러시아, 영국 등 여러 나라의 궁정에서 최신 유행으로 큰 인기를 끈 이 습관은 수많은 그림에서도 그 모습을 남기고 있다.

● 독일 함부르크 미술관에 걸려 있는 유복한 상인의 티 모임을 그린 작품(Johann Anton Tischbein/1779년).

● 독일 뮌헨 근교의 님펜브르크궁에 걸려 있는, 독일 귀족들의 티 모임을 그린 한 장의 그림(Peter Jakob Horemans/1761년).

● 러시아 군인들이 티를 마시는 풍경. 이중으로 겹쳐진 포트는 오늘날 터키에서 애용되고 있는 찻주전자인 차이단륵(Çaydanlık)과도 비슷하다(the Graphic/1877년 3월17일).

● 오늘날에도 홍차를 받침 접시로 옮겨 마시는 풍습이 남아 있는 곳이 있다. 사진은 말레이시아 카멜론 하일랜드의 티 룸에서 2011년도에 촬영.

● 찻잔에서 받침 접시로 밀크 티를 따르고 있는 소녀. 소녀가 티를 마시는 것일까, 아니면 고양이에게 주는 것일까(The Illustrated London News Christmas Number/1882년).

∼◦ 티의 효능 ◦∼

네덜란드의 의사 니콜라스 튈프Nicolaes Tulp, 1593~1674가 1641년에 저술한 『의학론Observationes Medicae』에서는 다음과 같이 소개되고 있다.

> 티를 마시는 사람은 그 효능에 의해 모든 병에서 벗어나 장수할 수 있다.
> 티를 마시면 신체에 위대한 활력을 가져다줄 뿐만 아니라, 담석, 두통,
> 감기, 안질, 천식, 위장병에도 걸리지 않는다. 또한 졸음을 예방하여 각
> 성에도 큰 도움이 된다.

이 책은 많은 사람들로부터 큰 인기를 끌면서 영국에서는 최초로 티의 약효에 대해 소개한 개러웨이스 커피 하우스의 점포 내에 붙었던 티의 광고 포스터에도 큰 영향을 주었다고 한다(이 포스터는 오늘날 대영박물관에 소장). 개러웨이스의 광고 포스터에는 "티는 두통, 결석, 수종, 괴혈병, 기억 상실, 복통, 설사, 흉몽 등의 증상을 개선하고, 우유나 물과 함께 마시면 폐병을 예방하며, 비만인 사람에게는 식욕을 낮춰 주고, 폭음과 폭식 후에는 위장을 안정시켜 준다!"고 기재되어 있다.

영국 해군 행정관이면서 일기 작가로도 유명한 새뮤얼 피프스Samuel Pepys, 1633~1703는 1667년 6월 28일자 일기에서 "마차로 돌아오자, 아내가 티를 준비하고 있었다", "아내가 약사로부터 들은 얘기로는, 감기와 비염에는 티가 좋다"는 내용을 기록하고 있다. 티는 가정에서 약으로도 사용되었다는 것을 알 수 있는 대목이다. 물론 티의 약효에 대하여 의문을 지닌 지식인들도 많았다. 18세기에 들어서면서 영국에서는 '티 논쟁'으로 불리는 티의 효능에 대한 시비를 가리는 사회적인 현상이 일어났다. 이때부터 많은 지식인들이 티를 직접 연구하여 그 결과를 논의하였다.

영국인 의사 토머스 쇼트Thomas Short, 1690~1772는 각각 1730년, 1750년에 『티에 관한 논문A Dissertation upon Tea』이라는 제목의 책 두 권을 냈다. 1730년판에서는 '허브가 티보다는 인체에 주는 영향이 더 좋고, 심지어 티의 효능에 대해서는 의심스럽다는' 내용을 수록하고 있다. 그런데 1750년판에서는 이전과는 달리 '티를 마시는 일 자체를 근본적으로 의심하거나 부정할 수는 없다'고 기록하고 있다. 런던에서 의사로 개업 중이던 존 코클리 렛섬John Coakley Lettsom, 1744~1815은 1772년에 출판한 그의 저서 『차나무의 박물사the natural history of the tea-tree』에서 티의 이점을 인정하는 견해들을 드러냈다. 그 가운데에서 렛섬은 '티가 항균, 진정, 이완 작용이 있고, 탁한 혈액을 맑혀 주고, 혈관을 수축시키는 효능이 있다'고 소개하였다. 이 내용들은 오늘날에 입증된 티의 효능과도 거의 일치한다.

● 티 애호가로 알려졌던 존슨 박사의 자택에서 티 모임이 열리고 있는 모습.
(The Graphic/1880년 4월 24일)

홍차 속의 인문학

17세기 중반에 영국에서는 노동자 계층의 음주 문화가 큰 사회 문제로 대두되었다. 네덜란드로부터 수입된 값싸고 높은 도수의 알코올인 진이 유행하여 국내에서도 주조가 허가되면서 수많은 노동자들이 알코올 중독에 빠져들었다. 이에 대한 대책으로 당시 정부는 약으로 더 많이 알려져 있던 '티'의 음용을 장려하였다. 상류층, 중산층의 가정에서는 피고용인들이 술에 빠져서 정도를 벗어나지 않도록 이미 우려낸 찻잎을 자신의 집으로 가져가도록 했다고 한다. 한 번 우린 찻잎은 처음보다는 맛과 향이 떨어지지만, 두 번 또는 세 번 우려낼 수 있고, 또한 끓인 물에 찻잎을 우려내 마심에 따라 생수보다는 안전성이 확보되는 이점이 있어 노동자 계층에 곧바로 수용되었다.

그러나 19세기로 접어들면서 급속히 진전된 산업 혁명으로 인해 도시로 인구가 몰려들자, 노동자 계층의 생활환경은 또다시 열악해졌다. 생경한 도시 생활, 장시간의 고된 노동에 따른 스트레스 등으로 인해 노동자 계층은 또다시 음주 문화로 빠져들면서 다시 사회적인 문제로 떠올랐다.

● 어린이들도 함께하는 티타임의 풍습은 노동자 계층의 가정에까지 확산되어 나갔다(1886년판).

범죄, 소동, 가난으로부터 노동자 계층을 구하기 위해 1830년 영국 정부는 '금주 협회'를 설립하여 술을 입에도 대지 않는 절대 금주 운동인 '티토털 teetotal'을 슬로건으로 내걸고 대규모의 캠페인을 벌였다. 티토털의 '티tee'는 '절 대'라는 뜻이지만, '티tea'와도 같은 뜻을 지니고 있어 화제가 되었다. 참고로 토털total은 '금주'를 뜻한다.

영국 각지에서 '금주 협회'의 티 파티가 열렸다. 1839년에는 16세 이하의 어 린이에게는 맥주 이외의 알코올을 마시게 해서는 안 된다는 법률이 시행되 면서 주점의 영업시간에도 규제가 가해졌다.

공장에서도 노동자들에게 금주를 권장하였다. 공장 경영자들의 간담회 등 에서도 절대 금주에 대한 논의가 뜨겁게 달아올랐고, 직장 간담회나 위로연 의 자리에서 마시는 음료도 티로 교체되었다.

그런데 1886년에 13세 이하의 모든 어린이들에 대한 알코올의 섭취를 금지 하는 법률이 제정되어 어린이의 건강한 생활에 대한 제도적인 기반이 마련 되면서 영국의 금주 활동은 마침내 종료되었다. 이 금주 활동을 통해 그때 까지 귀족적인 이미지가 강했던 티는 노동자들의 일상생활에서도 빠질 수 없는 요소가 되었다.

금주와 티 소비의 상관관계는 중동을 중심으로 한 이슬람의 여러 나라에 서도 실제로 입증되고 있다. 이들 지역의 티 음료 문화는 중국과 러시아에 서 육로로, 또는 서양과 아시아를 오가는 선박에 의해 해로로 전해진 것이 시초이다. 이슬람교 중에서는 음주가 계율로 엄격히 금지된 종파도 있다. 또 커피나 흡연도 음주에 버금갈 정도로 규제하던 시기도 있어, 이런 것을 대신 하여 티가 일상적인 음료가 되었다고 한다. 그리고 아랍에미리트, 모로코, 터키, 쿠웨이트, 카타르, 시리아 등 중동 국가들은 연간 1인당 티 소비량이 상위권을 차지하고 있다.

∽ 보스턴 티 사건 ∽

미국의 티 문화는 네덜란드의 식민지였던 뉴네덜란드에서 시작되었다. 1664년, 그 중심지인 뉴암스테르담의 지배권을 네덜란드로부터 빼앗은 영국은 이곳을 뉴욕으로 개명한 뒤에 티 문화를 이어갔다. 개척민들은 영국식 복장, 교양, 취미 등을 흉내 내는 일을 성공의 상징으로 여겼기 때문에 영국 본국에서 유행하는 티를 마시는 일도 부의 상징적인 풍속으로 자리를 잡았다. 1750년에는 뉴욕에도 영국에서와 같이 티 가든이 들어서면서 사람들이 점점 더 많은 티 모임을 갖게 되었다.

그러나 북아메리카에서는 영국과 프랑스가 식민지 쟁탈 경쟁에 나섰는데, 1755년에는 급기야 프렌치 인디안 전쟁^{French and Indian War}이 발발하였다. 영국이 비록 승리했지만, 막대한 전쟁 비용으로 커다란 부채를 안게 되었다. 이에 영국은 식민지에 이 비용의 일부를 부담시키기 위해 1764년 이후, 설탕조례(설탕, 와인, 커피에 매긴 과세법), 인지세법, 타운센드법^{Townshend Acts}(티, 유리, 종이, 페인트 등에 대한 과세법) 등 식민지에 대한 과세를 강화해 나갔다.

고액 과세에 대해 개척민들도 대규모의 집회를 열고 저항 운동을 계속해 나갔다. 이 저항 운동의 결과로 대부분의 과세는 철회되었지만, 티에 대한 과세만은 여전히 유지되었다.

'티 세금'은 영국 정부의 미국에 대한 압정의 상징이 되면서 개척민들이 이에 반발한 결과, 영국으로부터의 티 수입은 거부되었고, 네덜란드와 프랑스로부터의 밀수 무역은 확대되어 나갔다. 그로 인해 영국의 동인도 회사는 대량의 재고를 떠안게 되어 큰 곤경에 빠졌다.

영국 정부는 1773년, 북아메리카 13개 식민지에 대해 영국의 동인도 회사가 무역 관세 없이 티를 팔 수 있도록 한 법률, '티(홍차) 조례'를 제정하였다. 그 조례에 따르면, 영국의 동인도 회사는 당시 밀수입된 티보다 더 싼 가격으로 티를 팔 수 있었다. '티 조례'는 티에 대한 과세를 강화한 것이 아니라 오히려 약화시킨 것이기 때문에 영국은 이로써 사태가 원만히 해결될 것으로 보았다.

그러나 당시 많은 개척민들은 밀수 무역을 통해 생활의 필수품들을 얻고 있었기 때문에, '본국의 과세권 철폐가 초점인 데도 불구하고, 티가 싸면 된다는 임시방편으로 펴는 정책에 결코 속아서는 안 된다'는 저항 운동을 지속적으로 전개하였다. 보스턴의 애국 정치 단체인 '자유의 아들들Sons of Liberty'은 동인도 회사의 티 판매상까지 습격하는 등 과격한 운동을 벌였다.

● 티 상자를 바다로 내던지는 사람들을 아메리카의 원주민 모호크Mohawk족에 비유해 보스턴 티 사건을 그려낸 모습(「How Did Tea and Taxes Spark a Revolution?」/2010년).

홍차 속의 인문학

같은 해 12월, 티 조례가 제정된 뒤 처음으로 티를 실은 영국 동인도 회사의 무역선이 미국의 항구 네 곳에 정박하였다. 그러나 이 모든 항구에서는 영국 정부에 대한 저항 운동이 일어나고 있었기 때문에, 티는 육지로 하역되지 못하거나 보세 창고에 봉쇄되어 판매조차 할 수 없었다. 보스턴항에 입항한 세 척의 선박도 동일한 상황이었지만, 선장들은 본국으로의 귀항을 거부, 하역할 기회를 엿보기 위해 보스턴항에 정박하였다. 하역 기간인 12월 16일 밤, 한 발짝도 물러서지 않는 무역선에 대해 분노가 폭발한 보스턴 시민 50여 명은 선박을 습격해 그곳에 선적된 342개의 티 상자를 바다로 내던져 버렸다. 이 사건이 바로 '보스턴 티 사건'이라고 당시 언론에 크게 보도되자, 반영국 감정을 갖고 있던 개척민들에게 독립심을 불러일으켰다. 미국은 1776년에 독립 선언을 발표하고, 1784년에 전쟁을 치른 뒤 미국의 독립을 쟁취하였다.

이러한 티 보이콧 운동은 개척민들에게 티 대신에 커피를 마시는 습관을 갖도록 만들었다. 오늘날의 미국인들은 '보스턴 티 사건'을 미국 독립의 계기가 된 자랑스러운 사건으로 평가하고 있다.

● 세계에서 단 두 개밖에 없는 보스턴 티 사건 당시의 티 상자.

● 보스턴 티 사건으로부터 100년 뒤의 티 모임. 여성의 블라우스가 성조기 문양으로 디자인된 모습(Harper's Weekly/1874년 1월 3일).

홍차 속의 인문학

∽ 빅토리아 왕조 시대의 '애프터눈 티' ∽

1840년대 영국의 명가 베드퍼드Bedford 공작 가문에서 시작되었다는 '애프터눈 티afternoon tea'는 오늘날 영국의 전통 문화로 성장하여 자리를 잡았다. 이 시대에는 영국인의 식생활에도 큰 변화가 있었다. 지금껏 오후 5시경이었던 저녁 식사 시간이 8시에서 9시 사이로 옮겨진 것이다. 그래서 공작 부인이었던 애나 마리아Anna Maria, 1783~1861는 원래 저녁 시간인 5시 전후로 배고픔을 느껴 시종에게 티를 자기 방에 가져오도록 한 뒤 버터를 바른 빵과 함께 먹는 습관을 들였다.

● 디너와 같은 주된 식사 모임과는 달리, 좌석이 정해지지 않는 애프터눈 티(오후의 티)의 시간은 만남의 교류를 넓히는 데 최적의 장소였다(The Daily Graphic/1891년 10월 14일).

손님이 있는 날은 공작 집안의 저택인 워번 애비$^{Woburn\ Abbey}$의 응접실을 개방하고 비스킷을 먹으면서 환담을 나누는 등 사교를 즐겼다. 워번 애비에서 오후의 티타임은 디너 전의 안락한 시간으로 많은 손님들에게 호평을 받았다. 워번 애비를 방문한 빅토리아 여왕$^{Queen\ Victoria,\ 1819~1901}$도 애프터눈 티의 대접을 받고 매우 흡족해 하며 이를 장려하면서 애프터눈 티는 점차 영국의 전통문화로 자리를 잡게 되었다.

티타임에서 안주인은 손님에게 수시로 티를 따르면서 따뜻한 분위기로 환대하였다. 상류 계층의 여성들이 아직은 자유로이 외출할 수 없었던 시대에 애프터눈 티는 여성들이 마음이 맞는 친구들과 안뜰에서 티를 마시며 마음 편히 대화를 즐길 수 있는 유일한 오락거리였다.

이러한 상류 계층의 사람들에게 사랑을 받은 애프터눈 티의 습관은 이후 중산층의 생활 가운데에서 '가정 초대회$^{at\ home}$'로 그 모양새가 바뀌었다. 가정 초대회는 격식이 없는 가벼운 사교 모임이다. 안주인이 일정을 친구나 지인에게 미리 알려 주면, 손님은 그 일시에 맞춰 방문하는 일종의 약식 티타임이다. 매주 일정한 요일의 오후에 초대회를 개최하는 가정들이 많았는데, 이 날에 한해서는 사전에 약속이 없어도 방문이 허용되어 만남의 장소로서도 매우 유익하게 활용되었다. 머무는 시간은 보통 15~20분 정도인데, 하루에 네다섯 가정을 방문하는 여성들도 많았다고 한다. 여성들은 짧은 시간을 매우 유익하게 활용하였는데, 특히 애프터눈 티와 디너를 약속하거나 새로운 친구를 서로 소개하여 교류를 넓히기도 하였다.

애프터눈 티는 주로 평일에 자택에 있는 여성들이 주인공이 되어 발전시킨 문화이다. 귀족들의 호사스럽고 현란한 저택을 동경하였던 중산층의 여성들은 기분이 좋은 환경에서 손님을 대접하려고 인테리어와 식기에 대하여 깊은 관심을 가졌다. 당시 여성 잡지에는 애프터눈 티의 용도로 코르셋 없이도 입을 수 있도록 캐주얼하게 디자인된 티 가운 드레스와 아름다운 찻잔, 그리고 티타임에서의 예절 등에 관한 특집이 자주 실렸다. 또 티 푸드를 특집으로 한 레시피 책도 연이어 출판되었다.

애프터눈 티는 일반 가정 내에서도 접대의 기본이 되어 성인들뿐만 아니라 어린아이의 예절 교육에도 많이 활용되었다.

● 어린아이들도 어릴 때부터 티타임을 갖고 그 진행이나 예절을 몸에 익혔다.

(The Prize/1903년 2월)

● 18세기 후반에 영국인들이 차렸던 티 테이블을 재현한 모습. 가장 위쪽이 캐디 박스, 가운데 열의 왼쪽부터 슬롭 볼, 슈거 볼, 티 포트이다. 앞 열의 왼쪽부터 티 볼, 티스푼 2개, 모트 스푼, 슈거 니퍼이다.

∼ 다기의 발전 ∼

티는 찻잔이 없으면 마실 수 없다. 따라서 서양에서는 다기에도 매우 깊은 관심을 보였다. 초기에는 수입품에 전적으로 의존하였지만, 18세기로 들어서면서 서양에서도 다기들이 본격적으로 제작되었다. 여기서는 서양에서 자주 볼 수 있는 다기들을 소개한다.

• 캐디 박스(caddy box)

티는 말레이시아의 무게 단위로 1카티^{kati}, 즉 600g 단위로 티 상자에 넣어 운반되었다. 이 '카티'의 발음이 변화하면서 티 용기는 '캐디 박스'로 불리게 되었다. 티는 고가였기 때문에 도난을 방지하기 위해 캐디 박스에는 자물쇠가 채워졌다. 또한 캐디 박스는 은이나 수입 목재로 주로 제작되었다.

• 티 포트(tea pot)

티 포트는 17세기말 중국에서 서양으로 전해진 도자기 물품 중의 하나이다. 서양에서는 처음에 도자기를 구울 수 없었기 때문에 은으로 티 포트를 제작하였다.

• 티 볼(tea bowl)

볼과 받침 접시로 이루어진 한 세트를 '티 볼$^{tea\ bowl}$'이라 한다. 17세기말에는 볼에 따른 티에 설탕을 넣고 저은 뒤 받침 접시로 옮겨서 마시는 에티켓이 유행하였다.

• 슈거 볼(sugar bowl)

19세기 전반까지만 해도 설탕은 거의 수입품으로서 매우 값비싼 물품이었다. 이러한 이유로 설탕을 많이 준비해 놓으면 상대에게 매우 큰 환대를 한다는 뜻으로 전달되었는데, 이때 '슈거 볼'은 매우 큰 크기로 은으로 제작하였다. 설탕을 부수는 은제 슈거 니퍼도 함께 제작되었다.

• 캐디 스푼(caddy spoon)

찻잎을 떠내는 용도의 스푼이 '캐디 스푼'이다. 티가 아직 비싸던 시절에는 조개껍데기를 사용해 찻잎을 떠내는 연출도 했다고 한다. 은으로 제작된 캐디 스푼도 조개껍데기 모양으로 많이 만들어졌다.

● 조개껍데기 모양의 순은 캐디 스푼(1797년에 제작).

• 티스푼(tea spoon)

17세기의 티타임에서는 1~2개의 '티스푼'을 스푼 트레이에 올려놓고 함께 사용하였다. 초기의 디자인은 단순하였지만, 참석자의 수에 따라 스푼을 준비하면서부터 다양한 디자인의 스푼들이 제작되었다.

• 슬롭 볼(slop bowl)

18세기 중반부터 티 볼에 남은 식은 찻물을 버리거나 찻잎을 새로 넣을 때 티 포트 속에 있는 우려낸 찻잎을 버리기 위해 사용된 것이 '슬롭 볼'이다. 빅토리아 시대 후반에 이르면서 그 자취를 감추었다.

- 모트 스푼(moat spoon)

'모트 스푼'은 티 포트의 주둥이가 찻잎으로 막혔을 때 스푼의 뾰족한 손잡이 끝으로 찔러 찻잎을 제거하는 데 사용하였다. 또한 스푼 볼 부분에 구멍이 뚫려 있어 티에 든 찻잎을 건져 내는 스트레이너 용도로도 사용하였다.

- 케이크 스탠드(cake stand)

19세기 말, 티 푸드를 편리하게 손님에게 제공할 수 있도록 목재로 된 3단 스탠드가 만들어졌다. 이것이 '케이크 스탠드'이다. 야외에서 사용될 경우도 있어 접이식으로 제작된 것도 있다.

● 티 푸드의 운빈에 편리한 목재 케이크 스탠드(1920년에 제작).

18세기 후반에 순조롭게 보였던 영국 동인도 회사의 무역은 암초에 부딪쳤다. 중국의 정권 교체로 인해 새로운 지배자인 청나라(1644년~1912년까지 중국과 몽골을 지배한 마지막 왕조)가 영국을 비롯한 서양 국가들에 대해 무역 제한을 선언한 것이다.

영국은 중국에게 '자유 무역의 권리'와 '무역항의 확대'를 서면으로 요구하였지만 거부되었다. 영국을 더욱더 힘들게 한 것은 중국과의 무역 적자였다. 당시 영국이 중국으로부터 수입하고 있는 물품은 티 외에 도자기와 실크 등 고가의 상품이었다. 반대로 영국이 중국에 수출하였던 상품은 영국산 모직물, 시계, 완구, 인도산 면화 등 저가의 상품이었다.

영국은 중국과의 무역 결제 수단으로 '은'을 사용하였는데, 무역 적자에 따라 국내에 은이 부족해지면서 그 가치가 폭등하여 영국의 경제는 점차 심각한 상태로 접어들었다. 영국은 은 대신에 고가로 거래할 수 있는 수출품으로 인도산 아편에 눈을 돌렸다. 1790년대부터 영국은 식민지 인도로부터 구한 아편을 중국에 밀수출하고, 그 판매 대금으로 티를 다시 수입하는 '아편 무역'을 실시하였다.

아편은 상법에 편승한 프랑스와 미국에서도 밀수되기도 하여, 중국의 사회를 병들게 하였다. 1839년 광둥성廣東省에 파견된 관리인 임칙서林則徐, 1785~1850는 외국의 모든 나라로부터 뇌물의 유혹을 강하게 물리치고, 외국 상인들에게 즉시 아편을 폐기할 것을 명령하였다. 이 명령에 따르지 않은 나라에 대해서는 무역관을 무력으로 봉쇄하고, 물과 식량의 공급도 중지하는 일을 주저하지 않았다. 몰수한 아편 250만 파운드(약 113만 kg)는 소금과 석회로 그 효능을 없애 인공 연못에 폐기하였다.

1840년 2월에 영국이 자유 무역의 권리를 내세워 중국에 대한 무력 침공을 감행하면서 급기야 아편전쟁이 발발하였다. 영국의 함대는 샤먼廈門, 주산열도舟山列島, 상하이上海를 점령한 뒤, 곧이어 난징南京으로 진입하였다. 중국은 1842년 8월에 아편전쟁에서 항복을 선언하고, '난징조약南京條約'을 체결하였다. 전쟁에 대한 배상금과 이전에 몰수하여 폐기한 아편에 대한 보상금으로 2100만 달러를 배상하고, 홍콩의 양도, 샤먼, 상하이, 광저우廣州, 푸저우福州, 닝보寧波 등을 강제로 개항하였다. 이는 중국 측으로는 매우 불평등한 조약이었다. 영국령이 된 홍콩에는 본국에서 유행한 애프터눈 티의 문화가 전파되어 오늘날에도 쉽게 찾아볼 수 있다.

● 아편 무역관 내부의 모습(The Illustrated London News/1858년 11월 20일).

~ 티 산지의 개척 ~

서양에서는 차나무를 직접 재배하는 일이 17세기 후반부터 오랜 염원이었다. 1690년에는 네덜란드의 동인도 회사가 중국에서 가져온 차나무의 묘목을 인도네시아의 자바섬에 심었다. 그러나 그 묘목들은 섬의 환경에 적응하지 못하였다. 그 뒤로 서양의 여러 나라에서는 오로지 중국에서 티를 수입하였는데, 18세기 말에 중국이 티에 대하여 제한 무역을 실시하자, 또다시 아시아에서 차나무의 재배에 투자하기 시작하였다.

1823년에 영국 동인도 회사의 직원이면서 스코틀랜드 출신의 식물 연구가였던 로버트 브루스Robert Bruce, ?~1825 소령이 인도 아삼 지방으로 원정하였을 때 싱포Singhpo족의 족장과 접촉하면서 이곳 원주민들이 티를 마시는 습관을 갖고 있다는 사실을 알게 되었다. 원주민들은 이곳에서 자생하는 차나무에서 찻잎을 채취하여 기름과 마늘에 섞어 먹거나 끓여 먹었다. 더욱이 로버트는 이곳에 머무는 동안에 구릉지에서 차나무를 발견하였다. 다음 해 그의 동생인 찰스 알렉산더 브루스Charles Alexander Bruce, 1793~1871는 동인도 회사의 업무로 아삼 지역을 방문하여 형이 알려 준 자생 차나무의 씨앗과 묘목을 갖고 돌아와 인도 캘커타(현 콜카타)의 식물학자에게 감정을 의뢰하였는데, 그 견해는 '동백나무'였다.

인도의 총독인 윌리엄 벤팅크 경William Bentinck, 1774~1835은 1833년에 '티위원회Tea Committee'를 발족시켜 예전처럼 중국에서 차나무를 밀수하여 콜카타식물원에서 키웠다. 그리고 이렇게 키운 4만 2000그루의 묘목을 인도 각지에 심었지만, 결국에는 뿌리를 내리지 못하였다.

그런데 1838년에 찰스 브루스로부터 '아삼산 녹차'가 티위원회로 배송되었다. 찰스는 인도에서 자생하는 차나무로부터 티를 생산하는 연구를 계속해 왔던 것이다. 그런데 형인 로버트는 안타깝게도 이미 세상을 떠난 뒤였다. 그러나 이 새로운 차나무에는 '아사미카assamica'라는 품종명이 붙여지고, 그 녹차는 정식으로 '티'로 인정을 받았다. 이 녹차는 다음 해인 1839년 1월에 티 위원회의 이름으로 런던에서 경매에 부쳐지면서 고가로 낙찰되었다. 런던에는 '아삼 컴퍼니Assam Company', 콜카타에는 지점인 '벵골 티 어소시에이션Bengal Tea Association'이 설립되어 아삼에서 차나무의 재배는 1850년경부터 정상적인 궤도에 오르기 시작하였다.

● 손바닥보다 크게 자라는 아사미카 품종의 찻잎.

이후 인도에서는 북동부 서벵골 주의 최북단인 다르질링에서도 차나무들이 재배되었다. 이곳은 본래 네팔의 영토였지만, 19세기에 영국인들에게 휴양지로서 큰 주목을 받았다. 1850년에는 이 지역이 정식으로 인도령이 되면서 영국인들의 이주도 더욱더 활발해졌다. 1841년에 다르질링 지구의 초대 지사로 부임한 아치볼드 캠벨Archibald Campbell, 1805~1874 박사는 식물의 재배에 조예가 매우 깊었는데, 중국에서 수입된 시넨시스 품종의 씨앗을 집 정원에 심어 묘목으로 키우는 데 성공하였다. 1851년에는 중국에서 가져온 시넨시스 품종의 묘목이 심겨, 다음 해에 세 곳의 재배지가 조성되었다. 인도의 티위원회가 오랫동안 실현하지 못하였던 시넨시스 품종의 재배는 1905년에 그 재배지(다원)가 140여 곳에 이르면서, 다르질링은 이제 인도의 대표적인 티 산지로 자리를 잡았다.

인도에서는 1850년대에 걸쳐 남부에서도 다원의 개간이 시작되었다. 남인도 데칸 고원 남부인 타밀나두^{Tamilnadu} 주, 케랄라^{Kerala} 주, 카르나타카^{Karnataka} 주에 걸친 서고츠 산맥 남부의 닐기리^{Nilgiri} 구릉지에도 광대한 다원들이 형성되었다.

인도에 확산된 아사미카 품종이 이웃 나라인 실론(현 스리랑카)에 심긴 것은 1860년경이었다. 계기는 스리랑카의 농장에서 재배되었던 커피나무에 마름병이 돈 것이었다. 커피가 주력 상품 작물이었던 스리랑카의 경제는 파탄하면서 농장주들은 새로운 대체 작물을 찾아야만 하였다. 이렇게 하여 스리랑카는 당시 인도에서 화제가 되었던 아사미카 품종의 차나무를 재배하는 데 나섰다.

스리랑카에서 차나무의 재배에 처음으로 성공한 사람은 스코틀랜드에서 온 개척자인 제임스 테일러^{James Taylor, 1835~1892}였다. 그는 16세 때 스리랑카로 온 뒤, 캔디^{Kandy} 근교의 커피 농장에서 커피나무의 재배에 종사하였고, 커피 농장이 초토화된 뒤에는 말라리아의 특효약으로 알려진 기나나무를 재배한 것으로 높은 평가를 받았다. 1866년에는 캔디 근교의 룰레콘데라^{Loolecondera}에서 아사미카 품종의 재배에 나선 뒤, 1873년에 스리랑카에서 가공된 티를 런던으로 수출하는 데 성공하였다. 테일러가 수출한 이 티는 런던의 상인들로부터 매우 높은 평가를 받았다.

인도와 스리랑카에서 차나무의 재배에 성공한 데 이어 19세기 후반에는 인도네시아, 말라위 등에서도 아사미카 품종의 재배가 진행되었다. 1882년에는 러시아에서도 오늘날 조지아 지역에서 차나무를 재배하는 데 성공하였으며, 20세기 이르러서는 말레이시아, 터키, 케냐, 탄자니아, 우간다 등으로 차나무의 재배지가 세계 각지로 확산되었다. 이들 국가의 대부분에서 차나무의 재배는 주로 영국인들이 이끌어 나갔다.

● 현장의 노동자들을 감독하고 있는 제임스 테일러의 모습.
(Ceylon Tea Center pamphlet/1970년대)

● 1880년대 스리랑카의 티 가공 과정을 기록한 일러스트(The Graphic/1888년 1월 7일).

⚬⟋ 티 운송의 변화 ⟍⚬

1721년에 영국에서는 '제3차 항해 조례'가 시행되어 영국의 모든 항구에는 본국 선박 외에는 입항이 금지되었다. 영국의 동인도 회사는 티에 대한 독점 무역을 하여 경쟁자가 없었기 때문에 중국에서 새로이 생산된 신차가 영국인의 식탁에 오르는 데는 무려 1년 6개월이나 걸렸다. 그러나 영국 동인도 회사의 독점 무역이 비난을 받아 1849년에 항해 조례가 폐지되면서 경쟁으로 인해 그 운송 기간이 대폭 단축되었다.

1850년에 미국에서 제작한 쾌속선인 티 클리퍼, '오리엔털Oriental 호'가 홍콩 항에서 1500톤의 티를 선적하여 97일간이라는 기록적인 속도로 런던항에 도착한 것이다. 빨리 운송된 티는 향이 강하고 맛도 좋아 점차 영국 국민들도 신선한 티를 찾기 시작하였다. 영국의 티 상인에게도 티 클리퍼가 싣고 온 티는 기존의 것에 비해 1톤당 2파운드씩이나 더 큰 이익을 볼 수 있었기 때문에 미국의 티 클리퍼에 대한 운송 의뢰는 끊이질 않았다. 1850년에는 스코틀랜드 애버딘Aberdeen 지역의 조선소에서 건조된 클리퍼도 등장하였다.

● 3개의 돛이 달린 티 클리퍼에 의해 펼쳐지는 레이스는 사람들을 열광시켰다.
(Thomas Goldworth Dutton 1886년/1950년판)

1850년 후반으로 들어서면서 티 클리퍼 간에 치열한 운송 경쟁이 일어났다. 제일 먼저 하역한 티는 비싼 가격으로 거래되었고, 선주나 선장은 막대한 이익과 명예를 얻을 수 있었다. 더욱더 빠르게 신차를 가게에 내놓고 싶은 티 상인, 쾌속선, 계속해서 전속 계약을 맺고 싶은 티 상인, 구경꾼들로 뒤섞여 항구는 대단히 번잡하였다. 1856년부터는 우수한 성적을 보인 선박에 큰 금액의 계약금과 보수가 보장되어 티 운송의 질도 더 향상되었다. 경쟁을 놓고 도박을 즐기는 영국인들은 제일 먼저 도착하는 선박을 맞히는 도박도 즐겼다. 이 도박은 누구라도 참가할 수 있었기 때문에 '티 클리퍼 레이스'는 해를 거듭하면서 더욱더 치열해졌다. 사람들은 더비나 보트 레이스를 즐기는 기분으로 티 클리퍼 레이스를 즐겼다.

티가 생산되는 시기는 4월과 6월로, 중국에서 티를 수출하는 항구로는 광저우, 마카오, 상하이, 푸저우, 샤먼이 있었다. 그중에서도 가장 많이 이용된 곳은 푸저우항이었다.

그러나 1869년 수에즈 운하가 완성되면서 중국과 영국 간의 항해 일수는 약 40일로 줄어들었다. 수에즈 운하는 인공적으로 만든 좁은 운하로 파도와 바람이 없어 클리퍼는 운행이 불가능해지면서 그 역할을 다하게 된 것이다.

오늘날 남아 있는 티 클리퍼로는 '커티삭^Cutty Sark'이라는 선박 1척뿐이다. 커티삭은 당시 티 무역의 역사를 알려주는 귀중한 문화유산으로서 영국 그리니치에 전시되어 있다.

육상에서 티 운송은 처음에 짐마차가 활용되었지만, 제1차 세계대전 이후에는 '트로전^Trojan'이라는 자동차가 활용되어 티의 운송 속도와 최종 배송 시각의 정확성도 매우 비약적으로 발전하였다. 1920년대에 들어서는 수많은 업체들이 자동차로 티를 운송하기 시작하였다.

● 마차에서 자동차로 티의 운송 방식도 시대와 함께 변화하였다.

홍차의 운송은 티 산지에서도 발전해 나갔다. 티 산지는 해발 2000m 고지에도 있다. 고도가 낮은 산지의 경우에는 선박에 실어 하천으로 운반할 수 있었지만, 고도가 높은 산지의 경우에는 최종 가공한 홍차를 산기슭의 마을까지 운송하는 방법이 매우 큰 과제였다. 인도의 다르질링, 닐기리는 많은 티 산지 중에서도 특히 산세가 험준하기로 유명한 곳이다. 철도 기술이 발달되어 있던 영국은 1881년에 세계에서 가장 오래된 산악 철도인 '다르질링 히말라야 철도'를 개통시켰다. 1899년에는 '닐기리 산악 철도'도 개통되었다. 이 산악 철도들은 티 산업을 뒷받침하는 큰 배경이 되었다.

티타임을 즐길 때의 의상과 다기의 디자인은 시대와 함께 변천하였다. 여기서는 18, 19, 20세기로 시대에 따라 변천하는 티타임의 모습과 패션에 대해 살펴본다.

• 엠파이어 스타일(Empire style)

18세기 중반에는 고대 로마의 유적이 발굴되면서, 여성의 패션에도 고대 로마풍의 디자인이 반영되었다. 그때까지 로코코 양식의 디자인이 너무도 화려하였기에 심플한 그리스·로마 시대의 고전 양식은 당시 사람들의 눈에 오히려 매우 세련된 예술 양식으로 비쳤다. 절대 왕정 시대의 이미지가 강하고 넓게 퍼진 로코코 양식의 스커트는 직선적으로 변하고, 코르셋으로 꽉 조여져 있던 허리는 넉넉히 풀어져 '하이 웨이스트 $^{high\ waist}$'로 변하였다.

엠파이어 드레스는 슈미즈 드레스로부터 온 것이기에 촉감이 좋고 부드러운 옷감으로 만들었다. 특히 영국산 모슬린 ^{muslin}이라는 옷감이 자주 사용되었다. 모슬린은 한 올(방적한 한 줄의 실)로 너비가 넓게 짠 모직물이다. 본래는 양의 털로 방직하였지만, 영국이 인도에서 면을 수입하면서 모슬린도 점차 면으로 만들었다. 가늘고 섬세한 면실로 짠 모슬린은 매우 얇은 것이 큰 특징이다.

슈미즈 드레스는 그리스나 로마보다 북쪽에 있는 서양의 여러 나라에서는 방한용으로 착용하지 못하였기 때문에 숄도 유행하였다. 오른쪽 그림 속에서 여성에게 내놓은 접시에는 찻잔, 크림, 슈거 포트, 슈거 니퍼가 놓여 있다(55페이지 참조). 슈거 포트의 큰 크기(최대한)는 설탕이 매우 고가였음을 나타낸다.

● 슈미즈 드레스(Chemise dress)에 숄을 두른 귀족 여성은 사교계의 중심 인물이었던 드본셔
(Devonshire) 공작 부인인 조지애나(Georgiana)이다. 그녀의 패션 스타일은 당시 수많은 여성
들에게 큰 반향을 불러일으켰다(1813년 6월 4일판).

• 크리놀린 스타일(crinoline style)

빅토리아 왕조 시대에는 르네상스 시대 무대의 오페라가 유행하고, 그 당시의 패션을 좇는 여성들이 늘어났다.

소매는 르네상스 시대에 유행하였던 양 다리 모양의 볼륨이 있는 지고 슬리브$^{Gigot\ sleeve}$가 선호되고, 스커트도 넓어졌다. 웨이스트의 위치는 이전 높이로 돌아가고 다시 가는 허리가 유행하였다. 스커트의 볼륨은 속치마로 냈기 때문에 속치마를 몇 벌이라도 껴서 입어 볼륨을 내는 여성이 늘어났는데, 심지어 속치마를 10벌 이상이나 입은 여성도 있었다고 한다.

속치마의 옷감이 탄력성이 있도록 모시를 사용하거나 말 꼬리털을 섞어 짜는 방법도 등장하였다. 스커트는 시간이 지나면서 보다 더 가볍고 볼륨감이 있도록 개량이 진행되었다. 이를 위해 고래수염과 철사도 사용된 것도 있었는데, 이를 '크리놀린^{crinoline}'이라 한다. 말꼬리의 털을 뜻하는 '크린^{crin}'과 삼베를 나타내는 '린^{lin}'에서 유래된 것이다. 그 뒤 크리놀린은 패션 그 자체를 나타내는 용어가 되었다.

오른쪽의 그림에서 다기를 주목해 보자. 도자기로 만든 티 포트는 여성스러운 꽃무늬로 디자인되어 매우 화려해 보인다.

● 크리놀린 스타일의 드레스를 차려입고 티를 마시는 여성. 당시의 패션 그림(1862년판).

• 아르데코 스타일(art deco)

1910년대에는 심플한 기능과 기하학적으로 직선을 중시한 아르데코 스타일이 유행하면서 패션계에도 큰 변화가 일어났다.

의상은 원피스 차림의 데콜테^{décolleté}로 네크라인이 약간 깊고 팔이 나왔다. 코르셋으로 조여졌던 웨이스트에서는 해방되고, 소박한 실루엣들이 많아졌다. 웨이스트라인은 점점 더 높아졌고, 웨이스트는 가는 벨트로 구분하였다. 스커트는 폭이 넓지는 않았지만 걷기에는 약간 불편할 정도로 홀쭉한 직선 라인이 유행하였다.

드레스에는 시폰^{chiffon}, 새틴^{satin}, 오건디^{ogandie}, 레이스^{lace} 등 얇고 투명한 옷감이 많이 사용되어 우아하면서도 섬세한 스타일을 만들어 냈다. 헤어스타일은 볼륨감이 있는 스타일이 유행하였다. 모자도 깃털, 리본, 꽃 등을 붙인 크고 장식적인 것들이 선호되었다.

오른쪽 그림에서 다기를 보면 라인이 심플하고 직선적인 아르데코 스타일의 티 세트가 놓여 있다. 3단의 케이크 스탠드도 그 시대를 상징하고 있다.

● 은그릇의 디자인에도 당시 유행하였던 아르데코 스타일이 도입되었다.

(Vogue 광고/1911년 7월 1일)

제1장 홍차의 역사

영국 최초의 티 숍은 'ABC'라는 애칭으로 불린 '에어레이티드 브레드 컴퍼니^{Aerated Bread Company}'의 펜처치 스트리트^{Fenchurch Street} 지점 내에서 개장되었다. 티 숍의 한 여성 지배인이 숍 내에서 곧바로 빵을 먹고 싶은 고객이 많다는 사실을 알고, 홍차 서비스의 사업화를 제안하여 1864년에 실현되었다. 이어 ABC는 1884년에 런던의 옥스퍼드 서커스^{Oxford Circus}에 대규모의 티 숍을 열었다. 그리고 1923년까지 런던 시내에만 150개의 티 숍을 열 정도로 사업을 확장하였다. ABC 티 숍은 헝가리 출신의 영국 소설가 바로네스 오르치^{Baroness Orczy, 1865~1947}의 추리 소설 『구석의 노인^{The Oldman in the corne}』(1909)의 무대이기도 하다.

여성이 혼자서 외출하기가 어려웠던 빅토리아 왕조 시대의 후기에 티 숍은 남성의 보호 없이도 여성이 혼자서도 자유로이 출입할 수 있는 휴게소로 활용되었다. 1894년에는 런던의 피카딜리^{Piccadilly}에서 담배 사업으로 성공한 라이온스·컴퍼니^{Lyons & Co.}도 대규모의 티 숍 사업을 전개하였다.

이러한 티 숍 사업의 전개는 프랑스에도 파급되었다. 프랑스에 점재해 있던 '카페'는 남성이 술이나 커피를 마시는 장소였기 때문에 여성이 혼자서 출입하기가 어려웠던 풍조가 있었다. 그런데 19세기 말에 프랑스에서도 여성의 사회적인 진출이 활발해지면서 여성이 혼자서 드나들 수 있는 공공장소의 수요도 높아졌다. 1903년 파리의 유명 제과점인 '앙젤리나^{Angelina}'가 케이크 숍의 병설 시설로서 프랑스판 티 숍인 살롱 드 테^{Salon de thé}를 개장하였다. 그리고 1930년에는 빵 가게에서 성장한 '라 뒤레^{Ladurée}'가 18세기의 왕실을 이미지화하고, 로코코 양식으로 장식해 궁전과도 같은 분위기를 살린 살롱 드 테를 개설하여 큰 화제를 불러일으켰다.

프랑스에서는 가정 내에서 일상적으로 홍차를 마시는 사람이 드물었다. 이러한 사회적인 분위기 속에서 홍차는 익숙지 않은 음료, 커피보다 비싼 음료라는 인상이 강하게 남아 있었는데, 살롱 드 테는 홍차를 과자와 함께 먹으면서 귀부인의 기분에 젖어 우아한 오후를 보내는 장소로 각인되어 큰 인기를 누렸다.

● 티 룸의 웨이트리스는 여성들에게 인기가 높은 직업이었다.
(The Illustrated London News/1897년 10월 30일)

티백의 기원은 19세기 중반에 서양에서 오래전부터 사용해 온 '부케 가르니 bouquet garni'(삶은 요리나 수프에 향미를 더하기 위해 1회분의 조미료를 헝겊에 넣은 것)에 힌트를 얻어 일부 가정에서 1티스푼분의 찻잎을 헝겊에 싸서 끝부분을 모아 그 상부를 끈으로 묶어 둥근 모양으로 만든 뒤, 그대로 티 포트에 넣은 것이 시초이다. 그 둥근 모양으로 인해 '티 볼tea ball' 또는 '티 에그tea egg'라 하였다. 영국인이었던 A. V. 스미스Smith, ?~?가 이 습관을 눈여겨보았다가 1896년에 특허를 취득하였지만, 그 실용화에는 성공하지 못하였다.

● 거즈로 주머니를 만든 티 볼의 선전 광고.
(Tao Tea의 광고/The Ladys, Home Journal/1926년 2월)

티백이 상품화된 것은 1904년의 일이다. 창안자는 미국의 티 상인이었던 토머스 설리번Thomas Sullivan이었다. 그는 주석 캔 등에 넣어 배송하던 샘플 홍차를 경비를 절약하기 위하여 비단 주머니에 넣어 거래처에 배송하고 있었다. 그러나 '티가 잘 우러나지 않는다'는 불만이 이어지면서 골머리를 앓고 있었다. 그의 단골 거래처로는 레스토랑과 호텔이 많았는데, 티에 대한 전문 지식이 부족하여 고객들이 비단 주머니를 그대로 넣고 뜨거운 물을 부었다. 그런데 작은 주머니의 소재를 비단에서 거즈로 바꾸면서 '티가 잘 우러나온다'는 큰 호평을 받았는데, 더 나아가 '거즈 주머니를 팔아 달라'는 예상치도 못한 주문들이 밀려들었다.

레스토랑과 호텔에서와 같이 홍차를 대량으로 우려내는 곳을 대상으로 판매하기 위하여 토머스 설리번은 1904년에 일정한 분량의 찻잎을 거즈에 넣은 상품도 생산하였다.

이와 같은 흐름으로 상품화된 티백이지만, 1950년경에는 가정에서도 널리 사용되고, 그 소비는 미국 홍차 총소비량의 약 70%를 차지하게 된다. 그리고 오늘날에는 영국에도 깊숙이 침투하여 영국인의 90% 이상이 티백으로 홍차를 즐겨 마신다.

● 티백으로 추출한 아이스티를 마시는 미국 여배우, 베티 휴턴(Lipton 광고/1944년).

일본 홍차의 역사

일본에서는 1854년에 서양에 문호를 개방한 메이지유신明治維新을 맞아, 도쿄의 중심부와 일부 지역의 상류 계층들을 중심으로 문명이 개화되었다. 그 흐름을 타서 1887년에 공식 기록상 첫 외국산의 홍차 100kg이 영국으로부터 수입되었다. 이 홍차는 국내외 고위 관료와 일부 재계 유력 인사들의 사교용으로 제공되었다고 한다.

당시에 소개된 홍차를 마시는 방법은 빅토리아 왕조 시대의 영국식 에티켓을 따랐으며, 물론 '밀크 티'였다. 이러한 영국식 티 의식은 상류층 사람들의 관심을 부추겼다. 서양의 'Black Tea'는 '블랙추'로 발음되었고, 그러한 상품도 그 뒤 국내에 유통되기 시작하였다. 직역의 '흑차'가 아닌, '홍차'로 이름이 정착된 것은 티에 뜨거운 물을 부으면 여지껏 볼 수 없었던 홍색이 나온다는 데서 비롯되었다.

홍차는 서양에서 귀국한 일본 사람들에게도 큰 인기가 있었기 때문에, 양주와 서양 식품의 수입에서 선두 업체였던 메이지야明治屋는 고객의 요구에 따라 1906년부터 영국의 티 업체인 립톤Lipton으로부터 블렌딩 티를 수입하였다. 낱개로 개별 포장된 홍차가 처음으로 수입된 것이다.

1858년에 개방 시, 메이지 정부는 산업을 부흥시키려고 정책적으로 해외무역을 장려하였다. 그때 일본의 주요한 수출품은 누에고치실에 이어 녹차였다. 첫해에는 180톤의 녹차가 수출되었지만, 1868년에는 수출량이 6069톤에 이르러 10년 만에 눈부신 성장을 이루었다. 그러나 영국을 포함한 서양의 여러 나라에서는 사람들의 기호가 녹차에서 홍차로 변화해 가고 있었고, 서양 제국에 수출된 일본 녹차는 대부분 미국을 상대로 수출되는 것이 현실이었다. 이에 따라 메이지 정부는 국내에서 홍차를 직접 생산하는 방향으로 정책을 바꾸었다.

1874년, 중국으로부터 홍차 가공 기술자 두 명이 초빙되어 규슈 지방의 오이타大分와 구마모토熊本에서 중국식 홍차 가공 기술이 전수되었다. 그리고 홍차 제조서를 편집하고 각 부현에 배포해 홍차의 생산을 장려하였다. 더욱이 정부는 다음 해 1875년 11월, 권업요(勸業寮)에 속해 있던 다다 모토기치多田元吉, 1825~1896를 중국 홍차의 시찰 조사원으로 임명하였다. 모토기치는 중국의 유명한 티 산지에서 티 가공법을 조사하는 한편, 여기에 필요한 제반 설비와 차나무의 씨앗을 거의 대부분 구입하였다. 그리고 이듬해인 1876년 1월에 귀국해 파종을 통해 홍차를 생산하기 시작하였다.

그해 3월, 모토기치 외 두 명이 인도의 다르질링과 아삼 지역에 파견되었다. 아삼에서는 일본인으로는 처음으로 '아사미카 품종'의 차나무를 본 것이다. 모토기치는 티 가공 과정뿐이 아니라, 다원에서 차나무를 재배하는 방식과 가공에 사용하는 설비, 그리고 다원을 경영하는 방식까지 두루 조사하였다. 1877년 2월, 귀국할 때에는 차나무의 씨앗과 샘플 티들을 가지고 돌아왔다. 이때 모토기치가 인도에서 가져온 차나무의 씨앗은 도쿄 신주쿠 시험장을 비롯해 후쿠오카福岡, 미에三重, 아이치愛知, 사가佐賀 교토京都, 고치高知 등의 현이나 부에서 파종되었다.

그 뒤, 모토기치는 고치현에 파견되어 산에서 자라고 있는 차나무로부터 찻잎을 수확하여 인도식 가공 방식으로 홍차를 처음으로 생산하였다. 그 결과, 지금껏 만든 것보다 향미가 훨씬 더 좋은 홍차를 만드는 데 처음으로 성공하였다. 그러나 시제품을 테이스팅한 외국 여러 나라에서의 평가는 가격 등을 고려하여 종합적으로 볼 때 냉혹하였다. 이에 따라 일본 정부는 1878년 이후부터 모토기치를 여러 현에 파견하여 홍차의 생산을 직접 관리, 감독하게 하였다. 그의 노력으로 인해 일본에서는 규슈와 시코쿠를 중심으로 약 50톤의 홍차가 생산되었다. 그 뒤 생산량은 더욱더 증가하여 1892년에는 약 150톤의 홍차가 생산되기에 이른다. 일본 홍차의 증산과 함께 그 홍차를 해외로 수출하려는 홍차 브랜드 업체가 일본 내에서도 설립되지만, 인도나 스리랑카와의 가격 경쟁이 치열하여 일본산 홍차의 수출은 아쉽게도 어려운 입장에 놓였다. 또, 일본 내에서는 '홍차를 마시는 일'이 대중화되지 않아 일본산 홍차의 번창에 큰 제동이 걸렸다.

그러나 청일 전쟁으로 넘겨받은 타이완이 홍차의 생산지로 적합하다는 사실을 알게 되면서 일본의 한 업체가 타이완에서 차나무를 재배하여 홍차의 생산에 나섰고, 타이완산 홍차를 일본 홍차로서 판매하려는 움직임을 보였다. 제1차 세계 대전 중에는 일본의 홍차 산업이 융성기를 맞았다. 뉴욕 월가의 대공황으로 런던의 거래소에서 홍차의 가격이 폭락하면서 인도, 스리랑카, 자바의 티 업체에 대한 수출이 제재되어 일본산 홍차의 수요가 늘어난 것이었다. 그 결과 일본은 1937년도에만 최대 6500톤의 홍차를 세계로 수출하였다. 그 대부분은 타이완에서 재배된 아사미카 품종의 찻잎으로 생산한 홍차였다.

그러나 인도, 스리랑카 등의 수출 제재가 해제되면서 일본산 홍차는 또다시 품질과 가격 면에서 열세를 보였다. 제2차 세계 대전 중에는 일본에서 모든 티의 수출이 중단되었다. 그런데 전후 홍차의 주산지인 인도와 스리랑카에서도 전쟁의 피해가 막심하였고, 독립 운동에 따른 혼란기로 접어들면서 홍차의 생산이 중단되기는 마찬가지였다. 이러한 가운데 농업을 다시 재건한 일본은 다시 녹차와 홍차를 해외로 대량으로 수출하는 데 성공하였다. 그 흐름을 타고 1953년에는 차나무의 '품종등록제도'가 실시되고, 홍차 생산을 위한 차나무의 품종들이 줄지어 등록되었다. 그러나 일본의 경제가 성장하면서 국내 물가도 동반 상승하여 가격 면에서 불리한 점이 많았다. 더욱이 1971년에는 홍차의 수입이 완전히 자유화되어 해외로부터 저가의 홍차들이 일본의 티 시장에 대량으로 유통되면서 일본산 홍차의 경쟁력은 급속도로 떨어지게 되었다.

한편, 녹차의 생산과 함께 홍차의 생산에 다시 불을 붙이려는 다원들도 있었다. 일본 내에서 녹차의 소비량이 계속 감소하는 오늘날, 일본산 홍차가 또다시 주목을 받고 있다. 21세기의 홍차 생산은 '양과자와의 페어링', '밀크 티와 맞는 홍차', '안전성의 투명화' 등 모토기치가 주도하던 시대와는 전혀 다른 시대적 요청으로 새로운 발전이 기대되고 있다.

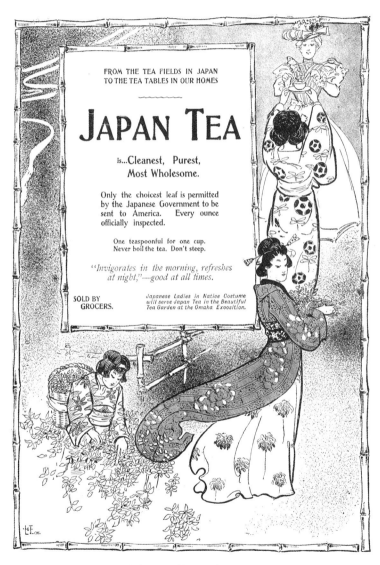

● 영국에서 판매된 일본산 티의 광고 포스터(1898년판).

제 2 장

❖ ❖ ❖

홍차의 산지와 가공 방식

❖ ❖ ❖

홍차는 녹차와 마찬가지로 카멜리아 시넨시스 종의 찻잎이 원료이다. 여기
서는 차나무의 재배에서부터 홍차의 생산에 이르기까지 제반 과정과 세계
에 널리 알려져 있는 주요 홍차 산지를 소개한다.

❦ 품종 ❦

홍차의 원료는 식물 종의 이름이 '카멜리아 시넨시스'인 차나뭇과 동백나무 속의 여러해살이 상록수이다. 티는 그 차나무의 새싹과 어린 잎 등을 원료로 가공한 것으로 세계적인 음료이다.

차나무의 변종(이하 품종이라 한다)은 크게 '아사미카 품종*Camellia sinensis var. assamica*'과 '시넨시스 품종*Camellia sinensis var. sinensis*'의 두 품종으로 나뉜다. 이 밖에도 잡종과 교배종 등 산지에 적응한 다양한 개량 품종들이 재배되어 그 산지의 토양과 기후에 따라 매우 독특한 개성의 홍차들이 생산된다. 여기서는 시넨시스 품종과 아사미카 품종의 특징들을 살펴본다.

시넨시스 품종은 관목(나무 높이 3m 이하)으로 가지가 많고 땅에서 가까운 부위에서 줄기가 특히 많이 돋아난다. 찻잎은 작게 돋아나는데, 앞쪽 끝은 짧은 타원형이고 끝이 뾰족한 등 여러 모양의 것들이 있다.

뿌리는 2~3m 깊이까지 내리기 때문에 추위에 강하다. 겨울철에는 영하 8도까지 견딜 수 있어 결빙 지역에서도 재배할 수 있다. 떫은맛 성분인 타닌tannin의 함유량이 적고 산화효소의 작용도 약하여 일반적으로 녹차를 생산하는 데 많이 사용된다. 물론 중국, 일본, 기온이 낮은 인도의 다르질링, 스리랑카의 고지대 등에서도 홍차용으로 재배되고 있다. 찻빛은 비교적 연하면서도 섬세하고, 향은 매우 미묘하며, 맛은 매우 산뜻하여 풍미 있는 홍차를 만들 수 있다.

아사미카 품종은 고온다습한 열대 지역에서 잘 자라는 교목이다. 나무의 높이는 8~15m까지 자라고, 하나의 본줄기에서 가지가 듬성듬성 돋아난다. 다 자란 찻잎은 매우 크고 두껍다. 뿌리가 깊이 30cm 정도로 땅속으로 내리기 때문에 추위에는 약하다. 겨울철에는 영하 4도에서 냉해를 입기 때문에 서리가 없는 지역에서만 재배할 수 있다. 찻잎은 타닌을 다량으로 함유하고 있고, 산화 효소의 작용도 왕성하여 홍차를 생산하는 데 주로 사용된다. 인도, 스리랑카, 아프리카, 인도네시아 등에서 주로 재배되며, 찻빛이 붉고 깊이가 있으며, 맛은 강한 감칠맛이 있고, 향은 매우 농후하여 개성이 강한 홍차를 만들 수 있다.

● 시넨시스 품종의 작은 새싹. 손으로 새싹을 많이 따는 일은 결코 쉽지 않다.

● 아사미카 품종의 새싹. 새싹 하나와 그 아래의 두 잎을 따는 것이 기본이다.

홍차 속의 인문학

∽❧ 해발 고도 ❧∽

차나무는 재배지의 해발 고도에 따라 적합한 품종이 따로 있어 그 지형에 맞게 품종을 심어야 한다. 일반적으로 해발 고도가 높은 곳에 적합한 품종은 추위에 강한 시넨시스 품종이고, 낮은 곳에 적합한 품종은 더위에 강한 아사미카 품종이다. 그리고 이 해발 고도의 높낮이에 따라 각 산지의 홍차에서 그 맛과 향에 큰 차이가 생긴다.

고지대의 홍차는 찻빛이 맑고 투명하다. 기온이 낮아 찻잎의 성장이 더디어서 함유 성분이 응축된 맛이 특징이다. 재배지의 해발 고도가 높아짐에 따라 깔끔하고도 자극적인 떫은맛이 강해지고, 향도 매우 풍부해진다.

저지대의 홍차는 찻빛이 짙지만 약간은 탁하다. 기온이 높아 찻잎의 성장이 빨라서 떫은맛이 적고 덤덤하며 향도 약하다. 이러한 티는 생산량이 매우 많아 홍차의 소비량이 많은 나라들로 주로 수출된다.

홍차의 대표적인 산지인 스리랑카에서는 다원이 위치한 해발 고도에 따라 홍차를 고지대, 중지대, 저지대의 티로 구분하고 있다.

해발 고도가 4000피트(1200m) 이상인 다원에서 생산된 것이 고지대의 티이다. 해발 고도가 높아 기후가 한랭하고, 햇살이 뜨겁고, 일교차도 심하여 고품질의 찻잎이 자라난다. 주산지로는 누와라엘리야^{Nuwara Eliya}, 우다푸셀라와^{Uda Pussellawa}, 우바^{Uva}, 딤불라^{Dimbula}가 있다.

해발 고도 2000~4000피트(약 600m~1200m)의 다원에서 생산된 것은 중지대 티인데, 대표적인 산지는 캔디^{Kandy}이다.

끝으로 해발 고도가 2000피트(약 600m) 이하에 위치한 다원에서 생산된 것이 저지대 티이다. 주산지로는 사바라가무와^{Sabaragamuwa}, 루후나^{Ruhuna}가 있다.

● 고지대의 다원에서는 경사가 가파르기 때문에 찻잎을 따는 일이 쉽지 않다.

홍차 속의 인문학

~~๑ 홍차의 가공 방식 ๑~~

• 오서독스 방식

홍차의 전통적인 가공 방식으로는 '오서독스orthodox' 방식이 있다. 그 과정은 ①채엽採葉, ②위조萎凋, ③유념揉捻, ④덩어리 풀기, ⑤산화酸化, ⑥건조乾燥, ⑦등급 분류의 순서로 이어진다.

'채엽'은 일아이엽(一芽二葉, 새싹 하나와 그 아래 두 잎) 또는 일아삼엽(一芽三葉, 새싹 하나와 그 아래 세 잎)으로 불리는 방식으로 새싹과 어린잎을 손으로 딴다. 그 뒤 딴 찻잎의 수분을 감소시키는 '위조'라는 작업이 진행된다. 열풍으로 말리는 인공 건조와 자연스럽게 그늘에 말리는 자연 건조의 두 방식이 있지만, 모두 10~15시간에 걸쳐 찻잎의 수분 함량을 약 60% 정도로까지 줄인다. 이 과정을 거쳐야만 비로소 다음 과정인 '유념'이 쉬워진다. 유념 과정에서는 위조한 찻잎을 비비고 산화시키면서 모양을 만든다. 유념 과정을 거쳐 둥근 덩어리로 뭉쳐진 찻잎은 풀어 주기 위해 '덩어리 풀기'라는 작업에 들어간다. 이 작업이 끝나면 찻잎의 '산화 과정'을 촉진하기 위해 실온 20~26도, 습도 90%인 산화실로 옮긴다. 이 산화 과정이 홍차를 만드는 데 있어 가장 중요한 과정이며, 이 과정에 의해 홍차 특유의 향미가 결정된다.

산화 과정이 끝나면 찻잎은 '건조' 과정으로 들어간다. 90도 이상의 뜨거운 바람으로 찻잎의 수분 함량이 3~5%로까지 줄어들도록 건조시켜 산화 효소의 작용을 중단시킨다. 이렇게 가공된 찻잎은 '황차(荒茶)'라고 하며, 그 다음에 크기와 모양을 다듬어 티로 완성시킨다. 이어 '건조' 과정을 거친 뒤, 찻잎 사이에 든 이물질을 제거하고, 찻잎을 크기별(등급별)로 나누는 '등급 분류'의 작업을 한다. 이 티들은 '원료 티'라고 하며, 최종적으로는 티 전문가의 손을 거쳐 완전히 블렌딩되어야 비로소 최종 홍차의 상품으로 태어난다.

● 오서독스 방식으로 가공한 찻잎.

● CTC 방식으로 가공한 찻잎.

● CTC 방식에 사용되는 기계. 맞물려 회전하는 날카로운 칼날로 찻잎을 잘게 찢는다.

홍차 속의 인문학

• CTC 방식

CTC 방식은 1930년대에 인도 아삼 지역에서 윌리엄 매커처 경^{Sir. William Mckercher}이 창안한 것으로, 북인도의 아삼, 두아르스^{Dooars}를 중심으로 급속히 보급되었다. 그 뒤, 아프리카의 새로운 산지와 그 밖의 산지에서도 널리 사용되었다. CTC는 'crush(으깨다)', 'tear(찢다)', 'curl(휘말다)'의 머리글자를 딴 약어이다. 기계를 사용하여 인위적으로 찻잎을 1~2mm 이하의 크기로 잘게 만들어 홍차를 대량으로 생산할 수 있도록 한 것이 CTC 방식이다.

이 가공 방식은 다음의 과정을 거친다. 먼저 찻잎을 고기를 다지는 기계를 개조한 '로터베인^{rotorvane}'이라는 기계를 통해 잘게 찢는다. 이어 약간의 위조 과정을 거친 찻잎을 엇갈려 회전하는 롤러인 'CTC 롤러' 사이로 넣어 조직 세포를 파괴한다. 이때 조직 세포에서 흘러나온 액즙으로 찻잎을 둥근 덩어리로 만든 뒤에 '연속 자동 산화기'에 넣어 덩어리를 풀어 주면서 산화 과정을 조절해 나간다. 이 과정이 끝나면 찻잎을 '건조기'에 넣어 100도 전후의 뜨거운 바람을 맞혀 수분 함량이 3% 정도로까지 줄어들도록 만든다.

CTC 방식으로 생산한 홍차는 찻잎의 크기가 매우 잘아서 강한 향미로 우려낼 수 있기 때문에 그 방식이 급격히 발전해 나갔다. 이러한 홍차는 가격이 매우 싼 티백 또는 '티 블렌드^{tea blend}'를 만들기 위해 사용되면서 오늘날 일반인들도 일상생활 속에서 쉽게 즐길 수 있게 되었다. 그중 케냐산은 거의 100% 가까이 CTC 방식으로 생산되고, 인도산도 90%가량은 CTC 방식으로 생산된다. 최근에는 세계 홍차 생산량의 약 60%가량이 CTC 방식으로 생신되고 있다. 맛과 향이 매우 독특하면서도 강하고, 찻빛이 매우 진한 것이 특징이며, 뜨거운 물로 매우 짧은 시간에 우려낼 수 있다. 다만 오서독스 방식으로 생산한 티에 비하면 향이 다소 단순하다.

찻잎의 등급(그레이드) 분류

	구분	등급 기호	기호 읽는 법	
오서독스 방식으로 생산한 홍차의 등급	홀 리프	SFTGFOP	Special Fine Tippy Golden Flowery Orange Pekoe	큰 찻잎 ↑
		STGFOP	Special Tippy Golden Flowery Orange Pekoe	
		FTGFOP	Fine Tippy Golden Flowery Orange Pekoe	
		GFOP	Golden Flowery Orange Pekoe	↑
		FOP	Flowery Orange Pekoe	
		OP	Orange Pekoe	
		PS	Pekoe Souchong	
		S	Souchong	
	브로큰	BFOP	Broken Flowery Orange Pekoe	
		BOP	Broken Orange Pekoe	↓
		BP	Broken Pekoe	
		BPS	Broken Pekoe Souchong	
	F&D	BOPF	Broken Orange Pekoe Fanning	
		F	Fanning	↓
		D	Dust	작은 찻잎

홍차 속의 인문학

• 가공 과정

찻잎을 따는 작업부터 시작되는 홍차의 생산 현장. 거기에는 수많은 사람들이 종사하고 있다. 다원에 따라서는 홍차의 가공 과정을 일반 관광객들에게 공개하는 곳도 있지만, 대부분은 일반인들의 출입이 금지되고 있다.

여기서는 오서독스 방식의 가공 과정을 아래의 사진과 함께 순서대로 따라가 보자. 다원에서 갓 딴 찻잎이 홍차로 태어나기까지는 약 하루 반나절이 걸린다. 갓 딴 찻잎들은 하루에 몇 차례나 무게를 잰 뒤, 가공 공장으로 운반되어 수시로 위조 과정을 거치지만 시간이 오래 걸리기 때문에 다음 과정인 유념, 산화 작업이 밤새 이루어지는 경우가 많다. 그러나 일요일에는 찻잎을 따지 않는 곳이 많아서 일요일 오후부터 월요일 오전까지는 보통 생산작업이 이루어지지 않는다.

❶ 찻잎을 손으로 직접 따는 모습.

❷ 아프리카 대륙과 남인도에서는 찻잎을 가위로 따는 곳도 늘고 있다.

❸ 갓 딴 찻잎들은 하루에 2~3회씩 무게를 잰다.

❹ 거대한 티 가공 공장(티 팩토리).

❺ 위조통. 대형 공장에는 10개 이상 이나 갖춰진 곳도 있다.

❻ 찻잎이 지나치게 가열되지 않도록 그물망 위에 올려놓는다.

홍차 속의 인문학

❼ 유념 기기에는 한 번에 300kg 정도의 찻잎이 들어간다.

❽ 찻잎을 강하게 비비고 휘말기 위해 나선 살이 부착되어 있는 유념기. 산지에 따라서는 나선 살이 없는 형태도 사용한다.

❾ 산화 과정. 산지에 따라서는 산화 과정을 거치지 않고 티를 생산하는 곳도 있다.

❿ 가공 공장의 내부. 제일 안쪽에 설치된 것이 건조기이다.

❶ 선별 및 분류기. 위쪽에서 아래쪽으로 갈수록 거름망의 눈이 작아져 찻잎을 크기별로 분류한다.

❷ 등급의 분류. 찻잎의 등급을 몇 종류로 분류할 것인지는 다원에 따라서 다르다. 여기서 등급은 크기별로 나눈 것이지 품질이 아니다.

❸ 포장지에 든 홍차. 보통은 이와 같이 벌크 형태로 수출된다. 등급에 따라 다르지만, 한 자루에 들어가는 찻잎의 양은 보통 30~50kg이다.

❹ 같은 날에 생산된 등급별 찻잎의 테이스팅. 창이 북향인 실내에서 실시한다.

홍차 속의 인문학

❦ 홍차의 평가와 티 블렌딩 ❦

영국산 홍차는 티의 평가, 즉 '티 테이스팅tea tasting'이 실시된 뒤 품질에 따라 가격이 매겨져 경매를 통해 도매상에 유통된다. 품질이 훌륭한 홍차는 찻잎의 색상이 밝고 진하며, 크기가 균일하다. 그리고 우려냈을 때의 맛과 향도 좋을 뿐 아니라, 전체적으로도 향미가 균형을 이루고 있다. 또한 우려낸 찻잎은 색상이 밝은 구릿빛을 띠고, 그 향도 매우 강하다.

시장에서 일반적으로 유통되는 홍차는 대부분이 블렌드 상품이다. 홍차는 농작물이기 때문에 같은 다원에서 생산되었더라도 생산 일자에 따라서 그 품질과 가격이 다르다. 따라서 다른 품질, 다른 가격의 홍차를 항상 일정한 품질과 일정한 가격으로 제공하기 위해서는 티 블렌딩 작업이 꼭 필요하다.

● 영국의 티 업체 브루크 본드(Brooke Bond)의 테이스팅 룸 모습.
　(Brooke Bond 광고/1955년 6월 4일)

홍차의 블렌딩은 각각의 원료 찻잎이 갖는 단점을 상호 보완해 각 홍차가 지닌 개성을 살려 주는 매우 중요한 작업이다. 그러나 다음에 소개하는 '퀄리티 시즌 티quality season tea' 등 일부 홍차는 블렌딩하지 않아도 맛있어 단품으로 판매한다.

홍차를 블렌딩하는 데 중요한 요건은 소비지의 수질이다. 홍차는 차가운 물이나 뜨거운 물로 추출하는 음료이기 때문에, 어떤 물로 추출하느냐에 따라 블렌딩의 내용도 달라져야 한다. 19세기 영국의 홍차 상인에 의해 고안된, '수질을 의식한 블렌딩'은 서양의 여러 나라들로 전파되었는데, 당시 귀족들에게 '당신 저택의 물에 맞춘 홍차 블렌드'를 제공하는 티 업체도 있었다고 한다.

재료를 섬세하게 구사하여 홍차의 향미를 일정하게 유지하려면 전문가의 도움이 필요하다. 이러한 전문가들이 바로 '티 테이스터tea taster', '티 블렌더tea blender'이다. 소비자의 요구와 산지에서 모든 시기에 생산되는 홍차의 특성, 그리고 물의 특성 등을 이해해야만 하는데, 이러한 숙련된 티 테이스터가 되는 데는 10년 이상이나 걸린다고 한다.

최종 상품으로 탄생한 홍차는 각각의 티 업체들이 각고의 노력과 연구를 거듭한 끝에 개발된 것이다. 티 테이스터의 전문 기술이 빛나는 홍차는 언제 마셔도 같은 맛, 같은 향을 즐길 수 있다.

～ 세계 홍차 산지의 특징 ～

홍차는 생산지에 따라 그 맛과 향이 매우 다르다. 세계 홍차의 산지에서는 일 년 내내 찻잎의 수확이 이루어지고 있지만, 야채나 과일과 마찬가지로 홍차도 그 맛과 향이 충실한 계절, 즉 제철이 있어 '퀄리티 시즌quality season'으로 부르고 있다. 퀄리티 시즌의 홍차는 맛과 향이 매우 독특하여 그 시기에서만 맛볼 수 있다. 그 요인은 산지에 따라서 각양각색이다.

그해 첫 새싹으로 생산한 신차의 경우에는 차나무의 겨울철 휴면 기간과 찻잎을 더디게 성장하게 하는 차가운 기온이 그 맛을 결정한다. 본래 아열대성의 따뜻한 지역이 원산지인 차나무에 추운 겨울은 성장을 중단시켜 영양을 찻잎에 비축하는 계절이다. 봄을 맞아 영양과 맛이 좋은 성분이 가득한 새싹만을 따 만든 신차는 특별나고도 섬세한 향이 풍부하여 감칠맛이 좋은 홍차로 생산된다. 또한 햇살도 홍차의 맛에 매우 큰 영향을 준다. 홍차의 한

홍차의 퀄리티 시즌(기후에 따라 기간이 약간씩 변동될 수 있다)

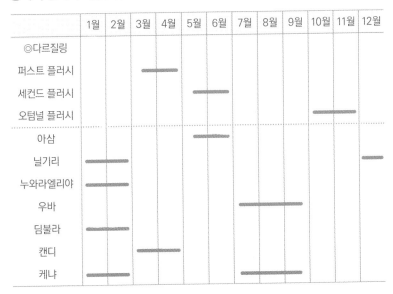

성분인 타닌은 홍차의 감칠맛과 바디감, 그리고 향기 등에 큰 영향을 주는데, 일조량이 점점 더 증가함에 따라 찻잎 속에서 더욱더 많이 생성된다. 그리고 계절풍도 홍차의 향미에 큰 영향을 준다. 산을 넘어 불어 내려오는 차고 건조한 바람을 맞아 찻잎이 더디게 성장하면서 함유 성분들이 응축되어 홍차의 맛은 더욱더 깊어진다.

제철의 홍차는 이러한 자연이 키우는 일 년에 딱 한 뿐인 것이다. 좋아하는 산지의 퀄리티 시즌을 알고 제철의 홍차를 마셔 보기를 권해 본다. 여기서는 대표적인 홍차 산지를 나라별로 살펴본다.

인도

인도에서 차나무의 재배는 19세기 들어와 영국인들이 주도적으로 진행하였다. 홍차의 생산은 북동인도(서벵골 주, 아삼 주)가 약 70%, 남인도(타밀나두 주, 케랄라 주)가 약 30%로 비중을 차지하고 있다. 광대한 아대륙의 인도는 북부와 남부에 기후의 차이가 있어 각 지역마다 개성이 있는 홍차들이 생산된다.

인도는 차나무를 재배한 지 불과 150년 만에 세계 제일의 홍차 생산국에 올랐지만, 이는 어디까지나 영국인들이 대자본을 들이고 가공 기술을 발전시켜 플랜테이션 산업으로 키운 덕분이다.

• 다르질링(Darjeeling)

인도의 서벵골 주에 위치한 해발 고도 500m~2000m의 가파른 고지대에는 차나무들이 광대하게 재배되고 있다. 밤낮의 큰 일교차로 끼는 짙은 안개는 다르질링 티에 독특한 맛과 향을 생성시킨다.

이 지역에서는 1841년부터 차나무가 재배되었는데, 오늘날에는 87곳의 다원에서 그들만의 독특한 홍차들이 생산되고 있다. 세계 3대 명차인 다르질링 티는 계절에 따라 맛과 향에 큰 차이가 있다. 신선하고 상큼한 '퍼스트

홍차 속의 인문학

플러시^{first flush}’, 무스카텔 플레이버^{muscatel flavor}로 불리는 향긋한 향이 큰 특징인 ‘세컨드 플러시^{second flush}’, 향미가 깊은 ‘오텀널 플러시^{autumnal flush}’ 등 크게 세 번의 제철을 맞는다. 여름철 우기에 생산된 홍차는 ‘몬순 티^{monsoon tea}’라 하는데, 품질이 낮다. 다르질링 티는 생산량이 인도 티 총생산량의 1%에도 미치지 못해 희소가치가 대단히 높다.

● 다르질링에서 찻잎을 따는 모습이 그려진 립톤 브랜드의 광고.
(The Times of India Annual/1949년)

• 아삼(Assam)

인도 북동부의 아삼 주에 있는 브라마푸트라강$^{Brahmaputra\ River}$ 유역에 펼쳐진 해발 고도 50m~500m의 비옥한 대지에는 차나무들이 대량으로 재배되고 있다. 1823년에 아사미카 품종의 차나무가 이곳에서 처음으로 발견되면서 홍차가 본격적으로 생산되었다. 오늘날 약 750개의 다원들이 분포하고 있고, 인도에서 생산되는 홍차의 절반을 생산할 정도로 발전하고 있다. 우린 찻빛은 갈색 기운이 도는 진홍색이고, 감칠맛이 강하며, 향이 매우 달콤하여 밀크 티를 위한 홍차로 큰 사랑을 받고 있다.

• 닐기리(Nilgiri)

인도 남부 타밀나두 주의 해발 고도 1200m~1800m에 위치하고, 현지어로 '블루마운틴(blue mountain)'을 뜻하는 고원 지대에 다원들이 드넓게 펼쳐져 있다. 닐기리에서는 다원이 1853년부터 개척되었다. 이곳에서는 일 년 내내 찻잎을 안정적으로 수확할 수 있으며, 홍차의 맛은 매우 부드러운 것이 특징이다.

오늘날에는 국내 소비용 홍차의 주요 공급지로서 인도 국민들의 입맛에 맞는 홍차를 CTC 방식으로 대량으로 생산하고 있다. 또한 오직 손으로 비벼 만드는 프리미엄 티와 녹차, 백차 등 차별화된 고품격의 티를 만드는 다원들도 증가하고 있다.

• 시킴(Sikkim)

다르질링 북부에 위치한 시킴 주는 예전에는 왕국이었지만, 1975년에 인도로 합병되었다. 홍차를 생산한 것도 이때 즈음이었다. 대형 다원으로는 유일하게 테미 다원$^{Temi\ garden}$이 있고, 그 밖에는 대부분이 소규모의 다원이다. 해발 고도는 1000m~2000m 정도 되고, 기후는 최고 기온이 28도를 웃도는 일이 거의 없을 정도로 한랭하다. 주요 가공 방식은 오서독스 방식이다. 이곳은 다르질링 지역과 지리적으로 가깝고, 차나무도 다르질링에서 가져와 이식되었기 때문에 홍차의 맛과 향이 다르질링 티와 매우 비슷하다.

• 두아르스(Dooars)

인도 북동부에 위치하고 해발 고도 30m~300m의 구릉지이다. 겨울에는 추위가 심하고, 아침저녁으로는 차가운 안개로 뒤덮인다. 또 여름이 매우 짧은 것이 특징이다. 1874년경부터 티 산업이 번창하여 오늘날에는 150개의 다원들이 분포하고 있다. 이곳에서는 국내 수요를 충당하기 위하여 대부분 CTC 방식으로 가공되며, 티백의 원료로 사용되고 있다. 아삼 티와 비슷한 향미를 갖지만, 약간 더 부드럽다.

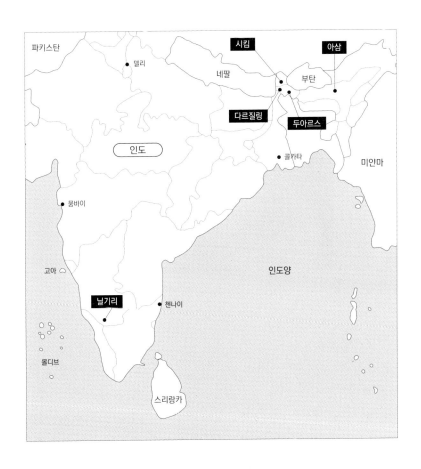

제2장 홍차의 산지와 가공 방식

스리랑카

인도 남동부에 있는 작은 도서 국가인 스리랑카는 적도 부근에 위치해 있어 일 년 내내 찻잎의 수확이 가능하다. 이전에는 네덜란드와 영국의 통치를 받았는데, 당시에는 커피 재배지로서 세계 2위의 생산량을 자랑하였다. 그러나 커피나무가 병이 들어 농장들이 초토화되면서, 1860년 이후부터는 차나무를 재배하였다. 오늘날에는 주요 7곳의 홍차 생산지가 있고, 세계 4위의 생산량을 자랑한다. 해발 고도의 차이와 북동 몬순(11월~2월)과 남서 몬순(6월~9월)의 영향을 받아 다양성이 매우 풍부한 홍차가 생산된다.

● 산지에 따라 찻빛과 향미가 다른 스리랑카 홍차.

• 누와라엘리야(Nuwara Eliya)

스리랑카 님서부의 산악 지대에 있는 산지로 해발 고도 1800m~2000m에 위치한다. 한낮의 강한 햇살과 한밤의 차가운 기온으로 큰 일교차가 찻잎의 향미에 독특한 개성을 가져다줘 최상의 홍차들이 생산된다. 차나무는 주로 시넨시스 품종이며, 가공 방식은 오서독스 방식이지만 산화 과정을 생략하여 건조하는 경우가 많다. 홍차는 일 년 내내 생산되지만, 특히 북동 몬순의 영향을 받은 1월~2월에 생산된 것이 품질이 가장 좋다. 이 홍차는 꽃 향이 풍부하고 떫은맛도 적당한 것이 특징이다. 찻빛은 짙은 오렌지색으로 투명하며, 맛은 녹차와 비슷하다.

• 우다푸셀라와(Uda Pussellawa)

우바 북부 지역과 누와라엘리야 지역에 접한 높은 산지이다. 해발 고도 1200m 이상인 곳에서 차나무들이 재배되고 있다. 찻잎은 일 년 내내 수확되지만, 몬순의 영향으로 퀄리티 시즌은 단 2회분이다. 1월~2월은 누와라엘리야의 홍차와 비슷한 품질이, 7월~9월에는 우바의 홍차와 비슷한 품질이 생산된다. 이 지역에서는 차고 건조한 기후로 인해 고부가가치의 홍차들이 생산되기 때문에 최근에 큰 주목을 받고 있다.

• 우바(Uva)

스리랑카의 중앙 산악 지대인 동남부 전역을 일컫는다. 다원은 해발 고도 1000m~1700m에 걸쳐 분포한다. 찻잎은 일 년 내내 생산되지만, 건기에 해당하는 7월~9월에는 품질 좋은 찻잎들이 수확된다. 이 시기의 찻잎에서는 '우바 플레이버Uva flavor'라는 멘톨 계열의 독특한 향이 풍긴다. 차나무는 아사미카 품종이고, 가공 방식은 오서독스 방식이 주류를 이루고 있다. 세계 3대 명차로 손꼽히는 우바의 홍차는 떫은맛이 상큼하고, 감칠맛이 풍부하며, 찻빛이 아름답기로 유명하다.

• 딤불라(Dimbula)

스리랑카 산악 지대 남서 사면의 해발 고도 1200m~1700m인 곳에 펼쳐진 산지이다. 북동 몬순의 바람이 부는 1월~2월이 차고 건조한 기후로 퀄리티 시즌이지만, 일 년 내내 안정된 품질의 홍차를 생산하는 곳으로 평가를 받고 있다. 차나무는 대부분이 아사미카 품종이고, 가공 방식은 대부분이 오서독스 방식인데, 등급은 '브로큰 오렌지 피코(BOP)'가 주를 이룬다. 찻빛은 선홍색으로 투명하게 빛나며, 꽃 향이 풍기면서 떫은맛과 상큼한 맛이 균형을 이룬다.

• 캔디(Kandy)

스리랑카 남부 내륙에 위치한 해발 고도 700m~1400m의 산지이다. 싱할라Sinhala 왕조의 옛 수도이기도 하다. '실론 홍차의 아버지'로 추앙을 받는 제임스 테일러가 처음으로 다원을 건설한 장소로도 유명하다. 주로 아사미카 품종이 재배되고, 일 년 내내 찻잎이 수확된다. 홍차의 품질이 안정적이고, 향미도 균형이 잡힌 것이 특징이다. 특히 떫은맛이 적어서 바디감이 가벼워 배리에이션 티로도 권장된다.

• 사바라가무와(Sabaragamuwa)

사바라가무와 주에서 해발 고도가 낮은 라트나푸라Ratnapura와 발랑고다balangoda 지역의 산지이다. 이곳에서 생산된 홍차는 이전에는 '루후나'로 불렸다. 그런데 2000년대로 들어서 홍차의 생산이 급격히 증가하면서 스리랑카 홍차국이 '루후나'를 두 개로 분류하는 과정에서 '사바라가무와 홍차'가 탄생하였다. 지역적으로는 남쪽에서 생산된 것이 '루후나', 북쪽에서 생산된 것이 '사바라가무와'이다.

• 루후나(Ruhuna)

루후나는 싱할라어로 '남쪽'을 뜻하며, 특정한 지명을 가리키는 것은 아니다. 스리랑카 남부의 해발 고도 600m 이하의 저지대에 펼쳐져 있는 갈레Galle, 마타라Matara, 데니야Deniya 지역을 총칭한다. 다원들은 열대 우림에 흩어져 있는데, 고무나무 농장을 겸하고 있는 소규모의 농장들이 많다. 고온다습한 지역이기 때문에 차나무의 성장이 빠르고 찻잎도 일 년 내내 수확할 수 있다. 농후한 감칠맛과 벌꿀 같은 감미로운 향은 '실론 아삼Ceylon Assam'으로도 불리면서 인기가 상승하여 최근 그 수요가 증가하는 추세이다.

무스카텔 플레이버

홍차의 향은 꽃, 어린 풀, 벌꿀 등 다양한 용어로 표현되는데, 그 향의 화학 성분은 500종류 이상이나 되는 것으로 알려져 있다.

그중에서도 다르질링 세컨드 플러시의 향으로 유명한 무스카텔 플레이버는 '매미충 leafhopper'이라는 곤충에 의해 생성된다. 세컨드 플러시의 생산 시기에 다르질링 지역은 기온이 오르면서 매미충들의 수가 늘어난다. 이 매미충은 찻잎의 부드러운 부위에서 즙을 빨아들인다. 매미충에 즙을 빨린 찻잎은 원상회복을 위해 피토알렉신Phytoalexin이라는 물질을 생성시키는데, 이것이 무스카텔 향을 연출하는 것이다. 이 향을 분석하면, 사과의 향을 내는 물질인 디메틸옥타디엔디올dimethyloctadiene diol과 그것이 탈수되어 잔디의 향을 내는 물질인 디메틸옥타트리엔올dimethyloctatrienol이 혼합되어 있다는 사실을 알 수 있다. 이들 성분이 합쳐져 무스카텔 포도와 같은 향이 나는 것이다. 무스카텔 포도에도 물론 이 두 성분이 함유되어 있다.

이러한 물질들이 매미충에 의해 찻잎에 생성되어, 결국 세컨드 플러시의 향을 결정하는 것이다.

● 어느 날 다원을 거닐다가 찻잎을 따 보라. 운이 좋으면 귀여운 매미충을 만날 수도 있다.

중국

중국에서 티가 서양에 수출된 시기는 17세기 초이다. 처음에는 녹차를 수출하였지만, 영국의 요청으로 점차 산화도가 높은 홍차를 생산하여 수출하였다. 그러나 19세기 후반부터는 인도산과 스리랑카산의 홍차에 밀려 수출이 줄어들 수밖에 없었다. 중국은 오늘날 티 생산에서 세계 제일을 자랑하지만, 홍차 생산에 대해서만은 소량으로 생산하여 그 대부분을 수출하고 있다.

주요 산지로는 안후이성女歡省과 푸젠성福建省, 윈난성雲南省 등이 있는데, 비교적 해발 고도가 높은 지역에서 생산된다. 근년에는 전통적인 방식의 '공부홍차工夫紅茶'보다는 기계로 브로큰 등급의 홍차나 CTC 방식으로 홍차를 생산하고 있다.

• 윈난성(雲南省)

중국 남서부인 윈난성에서는 펑칭鳳慶 지역과 시솽반나 지구에서 운남홍차雲南紅茶가 주로 생산된다. 윈난성의 옛 이름이 '전眞'이었기 때문에 이곳에서 생산되는 홍차를 '전홍滇紅'이라고도 한다. 해발 고도 1000m~2000m인 고산 지대에서 생산되는데, 운남대엽雲南大葉이라는 아사미카 품종 계열 차나무의 찻잎으로 생산되어 골든 팁golden tip이 풍부하게 들어 있는 것이 특징이다. 생산 시기는 3월~11월경인데, 봄에는 3월~4월, 여름에는 5월~7월, 가을에는 10월~11월에 수확하여 생산된다. 특히 봄에 생산된 티는 품질이 월등하여 아삼 티와 같은 향미가 느껴진다. 주로 오서독스 방식으로 생산되지만, 일부는 CTC 방식으로도 생산되고 있다.

• 치먼현(祁門縣, 기문현)

안후이성 서남부에 있는 황산시黃山市 치먼현祁門縣에서는 세계 3대 명차인 기문Keemun이 생산된다. 이 산지는 녹차 산지였지만, 1875년경부터 공부홍차의 전통적인 방식으로 홍차가 생산되었다. 차나무는 시넨시스 품종이다. 수확기는 주로 3월~9월인데, 특히 퀄리티 시즌은 3월~4월이다. 품질이 특히 훌륭한 것은 난과 벌꿀이 뒤섞인 듯한 독특한 향미가 있어 '중국의 부르고뉴 주'로 평가되었는데, 영국 빅토리아 여왕의 생일에 선물로 헌상되어 유명해졌다.

● 관목인 시넨시스 품종의 다원.

• 우이산(武夷山)

티의 본산지로 세계적으로 유명한 푸젠성의 우이산 인근에서는 정산소종正山小種 또는 랍상소총Lapsang Souchong이라고 하는 홍차가 생산된다. 해발 고도가 800m~1500m인 이 지역에서는 기온이 낮아 찻잎을 자연적으로 위조 및 산화시키기 어려워 송백나무를 태워 찻잎을 건조시킨다. 이로 인해 찻잎에서 독특한 훈연향이 나 서양에서도 인기가 매우 높다. 특히 최고 품질인 것은 중국의 과실인 용안 향이 난다. 봄에는 4월~5월, 가을에는 10월경에 생산된다.

케냐

동아프리카 적도 아래에 위치한 케냐는 아프리카를 대표하는 홍차 생
산국이다. 평균기온 19도의 한랭다습한 기후를 보이는 해발 고도
1500m~2700m의 곳에서 차나무들이 재배되고 있다. 연 2회의 본순이 찾
아와 기후와 토양이 차나무의 성장에 적합하다. 비록 홍차를 생산한 역사
는 짧지만, 최근에는 비약적으로 발전하고 있다. 1903년에 인도로부터 차
나무의 묘목이 전해진 뒤, 영국의 자본으로 1924년부터 본격적으로 홍차
를 생산하였다. 오늘날 케냐에서는 홍차가 CTC 방식으로 생산되고 있으며,
그 대부분이 티백의 원료로 사용되고 있다.

● 아사미카 품종의 찻잎은 하루에 약 20~30kg씩 채엽된다(The Story of Tea/1954년).

우간다

중앙아프리카 동부 내륙국으로 빅토리아^{Victoria}호를 끼고 있고, 적도 바로 아래에 위치해 있다. 동쪽은 케냐, 남쪽은 탄자니아 등과 접하고 있다. 평균 해발 고도는 1100m이고, 지역에 따라 다른 기후를 보인다. 특히 남부는 우기가 많고, 북부는 건기가 많다. 1916년경부터 홍차가 생산되기 시작하여 제2차 세계 대전 뒤부터는 홍차 산업이 급속히 발전하였다. 1962년에 영국으로부터 독립하였지만 내란으로 인한 혼란으로 홍차의 생산량이 급속히 줄어들었다. 1980년대에 들어서 생산량이 다시 늘어나 오늘날에는 아프리카 제2위의 생산량을 자랑한다.

말라위

아프리카 대륙의 남동부에 있는 내륙국으로 국토의 약 5분의 1이 호수와 강으로 뒤덮여 있다. 차나무는 탄자니아, 잠비아, 모잠비크에 둘러싸인 해발 고도 700m~1500m의 산악 지대에서 재배되고 있다. 홍차는 1886년부터 생산되었는데, 아프리카에서도 가장 오랜 역사를 간직하고 있다. 찻빛은 매우 선명하고 진한 홍색을 띤다. 밀크 티의 베이스 홍차로 사용되는 것 외에도 티 블렌드나 티백의 원료로 사용되고 있다.

탄자니아

중앙아프리카 동부에 위치하고, 아프리카 최고봉인 킬리만자로^{Kilimanjaro}가 있는 탄자니아는 국토의 대부분이 사바나 기후에 속한다. 제1차 세계 대전 전에 독일인이 다원을 처음으로 조성한 뒤, 1926년부터 본격적으로 홍차를 생산하기 시작하였다. 1960년에 영국으로부터 독립한 뒤, 정부 차원에서 대규모의 가공 공장들이 설립되었다. 차나무는 기후 조건과 토양을 고려하여 해발 고도 1500m~2500m인 고지에서 재배되고 있다. 병충해가 거의 없어 대부분의 다원들이 농약을 사용하지 않아 유기농 티로서 큰 주목을 받고 있다.

인도네시아

인도네시아는 적도 바로 아래에 크고 작은 1만 7000개의 섬으로 구성된 도서 국가이다. 홍차의 주산지는 자바, 수마트라의 두 섬인데, 섬 서부 반둥 주변 지역의 해발 고도 300m~1800m의 고원 지대에서 생산된다. 이곳에서는 일 년 내내 찻잎을 수확할 수 있다. 네덜란드인들이 1690년에 차나무의 재배에 처음으로 나섰지만 실패로 끝났다. 그 뒤 1872년에 실론(현 스리랑카)으로부터 아사미카 품종을 들여와 심었고, 이를 계기로 차나무가 본격적으로 재배되었다. 홍차의 특징은 맛이 산뜻하여 마시기에 편안하다.

네팔

동서남쪽으로는 인도와 북쪽으로는 중국의 티베트 자치구와 접해 있으면서 동서로 길게 뻗어 난 내륙 국가이다. 세계 최고봉 에베레스트Everest를 품는 히말라야의 산악 지대와 산기슭으로 둘러싸여 있다. 차나무는 동쪽 히말라야 산기슭에서 재배되고 있다. 다원들은 해발 고도 900m~2100m의 경사면에 자리를 잡고 있다. 이 지역은 다르질링 및 시킴과 접하고 있어 기후 조건도 서로 비슷하다. 차나무는 1863년에 다르질링에서 들여와 재배하였는데, 다원은 일람Ilam 지역에 처음으로 설립되었다. 그 뒤 1990년경까지 산지 곳곳에 다원과 가공 공장들이 들어섰다.

방글라데시

인도의 동쪽에 위치하고 있는 방글라데시는 국경의 대부분을 인도와 접해 있지만, 남동부의 일부는 미얀마와 접해 있다. 차나무의 재배지는 인도 아삼 주 남부의 해발 고도 500m~1000m의 구릉지에 위치한 실헷Sylhet과 치타공Chittagong 부근에 있다. 1830년대 아삼 지역에서 차나무를 재배하는 데 성공하면서부터 그 재배는 이곳에서도 급속히 확산되었다. 1947년에 동파키스탄으로 분리된 뒤 1971년에 방글라데시로 독립한 혼란기에도 차나무는 주요 작물로서 계속 재배되었다. 홍차의 대부분은 CTC 방식으로 생산되며, 그 대부분은 티 블렌드의 원료로 사용된다.

말레이시아

말레이 반도 중앙부인 파항^{Pahang} 주에 위치하는 카메론 하일랜드 일대가 주요 홍차 산지이다. 1885년에 영국 국토조사관인 윌리엄 캐머런$^{William\ Cameron}$이 처음으로 이곳을 방문한 데서 지명이 붙었다. 해발 고도는 1500m 정도이고, 연중 기온은 20도 전후로 차나무의 재배에 매우 적합한 환경 조건이다. 영국 식민지 시대부터 개척되어 1929년에 처음으로 다원이 들어선 뒤로 계속해서 확장, 분포되었다. 홍차의 연간 생산량은 약 2500톤 정도에 불과하여 대부분 국내에서만 소비된다.

● 말레이시아의 카메론 하일랜드(Cameron Highlands)에 광활하게 펼쳐지는 다원.

타이완

타이완은 본래 동방미인^{東方美人}과 포종^{包種}이라는 고품질의 우롱차를 생산하는 산지이지만, 최근에는 홍차도 활발하게 생산하고 있다. 홍차의 생산은 일본이 타이완을 통치하던 1912년도에 본격적으로 시작되어 1930년 이후부터는 급속하게 발전하였다. 일본의 주도 아래 인도 북서부에 자생하는 아사미카 품종의 차나무를 옮겨 심었는데, 육종과 품종 개량을 통해 홍차의 대량 생산 기술이 확립되었다.

오늘날에도 다양한 차나무의 이종 접붙이기를 진행하여 홍차의 품질을 개선하려는 노력들을 기울이고 있지만, 아직은 생산량이 적어 그 수출량이 적다. 그러나 홍차의 생산 기술은 높은 수준이어서 해외로부터 큰 주목을 받고 있다.

터키

홍차의 생산지는 터키의 북동부 지역으로 흑해 연안에 인접한 항만 도시 리제^{Rize}와 트라브존^{Trabzon}에 집중되어 있다. 해안 지역에서 해발 고도 1000m 부근에 걸친 비대한 급경사지에 다원들이 펼쳐진다. 1938년부터 차나무를 재배하고 있지만, 이로부터 생산한 홍차는 대부분 국내에서 소비되고 있다. 터키인들은 처음에 커피를 주로 마셨지만, 제1차 세계 대전이 끝나고 커피 가격이 급등하면서 홍차의 수요가 늘어났다. 홍차는 5월~10월에 보통 오서독스 방식으로 생산된다. 찻빛은 어두운 붉은색이지만, 맛과 향은 차분하면서도 떫은맛이 적은 것이 큰 특징이다.

조지아

흑해 연안 농부에 있는 구소련 연방국(2014년, 국명을 그루지야에서 조지아로 개명)으로 세계 최북단 티 생산국이다. 조지아에서 티에 관한 역사는 1848년에 시넨시스 품종을 흑해 연안의 식물원에 심은 것을 시작으로 1882년 이후부터 농가에서 소규모로 재배해 왔다.

구소련 시대에 러시아에서 마시던 홍차는 대부분 조지아산 홍차였는데, 오늘날에도 러시아는 조지아와 아제르바이잔 등에서 홍차를 수입하고 있다. 이 지역에서 시넨시스 품종의 차나무로부터 생산된 홍차는 대부분이 국내에서 소비되고, 극히 일부만 수출되고 있다.

아르헨티나

아르헨티나는 아메리카 대륙 최대의 홍차 생산국으로, 파라과이와의 국경 지역인 미시오네스^{Misiones} 주, 코리엔테스^{Corrientes} 주에서 차나무들이 재배되고 있다. 따라서 이 두 개의 주에서 아르헨티나 홍차의 대부분이 생산되고 있다. 아르헨티나에서 차나무의 재배는 1923년에 동유럽에서 들여온 씨앗을 발아시켜 품종 개량과 시험을 거쳐 진행되었는데, 홍차의 상업적인 생산은 1950년대 초부터 시작되었다. 가공 방식은 오서독스 방식이 주를 이룬다. 생산량은 약 8만 톤 정도에 이르지만 거의 대부분이 수출되고 있다. 이 홍차는 크기가 매우 잘은 브로큰 등급이며, 대부분이 티백과 티 블렌드의 재료로 사용되고 있다.

오스트레일리아

오스트레일리아에서는 차나무들이 1884년에 북동부 지역인 퀸즐랜드 주 북부의 애서튼 고원을 중심으로 재배되었다. 그러나 사이클론의 영향을 받아 다원은 이내 초토화되었다. 그런데 20세기 중반에 이르러 차나무를 다시 재배하면서 오늘날에는 CTC 방식으로 홍차를 소량으로 생산하고 있으며, 그 대부분이 국내에서 소비된다. 오스트레일리아에는 영국에서 이주한 사람들도 많아 홍차를 마시는 문화가 뿌리를 내리고 있다.

통계

홍차를 생산하는 국가들도 많지만, 그 소비국은 생산국의 수보다 훨씬 더 많다. 여기서는 '홍차의 생산량', '홍차의 소비량', '홍차의 수출량', '홍차의 수입량', '국가별 연간 1인당 티의 소비량'을 소개한다.

① 홍차 생산량 (단위 : 톤)

	국가	3,142,610
1	인도	1,184,420
2	케냐	432,453
3	스리랑카	336,300
4	중국	273,967
5	터키	227,000
6	인도네시아	114,174
7	베트남	83,435
8	아르헨티나	76,902
9	방글라데시	65,980
10	우간다	58,295

〈출처 : FAO 2013년〉

② 홍차 소비량 (단위 : 톤)

	국가	3,081,266
1	인도	991,770
2	중국	238,518
3	터키	228,026
4	러시아	143,665
5	파키스탄	125,829
6	영국	112,093
7	미국	106,383
8	이집트	97,304
9	이란	83,000
10	방글라데시	61,720

〈출처 : FAO 2013년〉

③ 홍차 수출량

(단위 : 톤)

국가	1,381,585
1 케냐	412,958
2 스리랑카	306,300
3 인도	202,760
4 아르헨티나	72,476
5 베트남	62,745
6 인도네시아	59,154
7 우간다	56,696
8 중국	48,189
9 말라위	40,500
10 탄자니아	26,169

〈출처 : FAO 2013년〉

④ 홍차 수입량

(단위 : 톤)

국가	1,832,100
1 러시아	163,500
2 영국	139,800
3 미국	130,200
4 파키스탄	126,600
5 이집트	110,100
6 이란	73,100
7 아랍에미리트	72,000
8 아프가니스탄	71,800
9 유럽연합(EU)	70,400
10 모로코	57,300

〈출처 : FAO 2013년〉

⑤ 국가별 연간 1인당 티 소비량(녹차·우롱차 포함)

(단위 : kg/명)

국가	
1 터키	3.157
2 아일랜드	2.191
3 영국	1.942
4 러시아	1.384
5 모로코	1.217
6 뉴질랜드	1.192
7 이집트	1.012
8 폴란드	1.000
9 일본	0.968
10 사우디아라비아	0.899

〈출처 : Euromonitor 2014〉

홍차 생산국의 자랑, '우표'

홍차는 생산국의 사람들에게는 매우 친근할 뿐 아니라 생활의 양식에서도 빠질 수 없는 식품이다. 세계에서 가장 작은 예술품이라는 우표 속에도 생산국 사람들의 홍차에 대한 각별한 사랑과 애정이 담겨 있다.

● 1992년 스리랑카

● 1992년 스리랑카

● 1992년 스리랑카

● 1992년 스리랑카

● 1967년 스리랑카

● 1967년 스리랑카

● 1967년 스리랑카

● 1967년 스리랑카

● 1980년 옛 벤다(Venda)

● 1980년 옛 벤다

● 1980년 옛 벤다

● 1980년 옛 벤다

● 2011년 모리셔스

● 2011년 모리셔스

● 2011년 모리셔스

● 1991년 탄자니아

● 1964년 말라위

● 1935년 스리랑카

● 1938년 스리랑카

● 2001년 케냐

● 1959년 옛 로디지아니아살랜드연방
(Federation of Rhodesia and Nyasaland)

● 1965년 인도

● 1967년 파푸아뉴기니

● 1963년 르완다

● 1976년 옛 트란스케이(Transkei)

● 1963년 케냐

● 1951년 그루지야(현 조지아)

홍차 속의 인문학

홍차 생산국의 자랑, '지폐'

한 나라의 얼굴이라 할 지폐에도 홍차 생산의 풍경이 담겨 있다. 홍차가 각 나라를 대
표하는 농산물로 외화를 벌기 위한 매우 중요한 수출품이란 사실을 지폐에서도 느낄
수 있다. 자그마한 지폐에 새겨진 홍차 생산국의 자긍심을 느껴 보길 바란다.

● 2006년 말라위

● 2004년 르완다

● 2001년 스리랑카

● 2004년 인도네시아

산지에서 우연히 만난 웃는 사람들

유럽의 식민지 역사로부터 발전해 온 티 산지에는 지금도 민족, 종교, 경제, 아동 노동 등 여러 가지의 문제가 남아 있다. 개발도상국의 다원과 공정한 거래를 권장하는 공정 무역^{Fair Trade}, 다원의 자연 환경과 종업원의 근무 환경을 개선하려는 열대다우림연합^{Rain Forest Alliance}의 인증 등 21세기에 티 산지를 보호하기 위한 국제적인 활동들이 펼쳐지고 있다. 생산 현장에서 일하는 사람들의 웃는 모습을 잃지 않으려는 이러한 운동은 미래의 맛있는 홍차를 위한 투자이다.

홍차 속의 인문학

제2장 홍차의 산지와 가공 방식

제 3 장

❖ ❖ ❖

홍차를 우리는 기본 방식

❖ ❖ ❖

이 장에서는 가정에서 홍차를 맛있게 우리는 기본적인 방식에 대해 소개한
다. 필요한 도구, 우리는 방법, 진열하는 법 등을 적용하여 가정에서 맛있는
홍차를 꼭 즐겨 보길 바란다.

～ 갖춰 놓으면 편리한 도구들 ～

홍차를 우리기 위해 갖춰 놓으면 편리한 도구들을 간단히 소개한다. 우선 필요한 것이 홍차의 찻잎을 재는 티스푼이다. 그리고 미량 계량기를 준비해 필요한 양을 정확히 계량할 것을 권한다. 이어서 필요한 것이 홍차 성분을 추출하기 위한 티 포트이다. 홍차는 산지에 따라 찻빛이 다르기 때문에 가능하면 유리로 된 티 포트를 사용하는 것이 좋다. 우려내는 시간을 측정하기 위한 모래시계나 타이머도 중요하다. 그리고 추출한 홍차를 옮겨 따를 때 사용하는 티 포트와 거름망도 잊지 않고 준비한다. 우려내는 도중에 티 포트를 직접 탁자 위에 놓으면 온도가 쉽게 내려가기 때문에 깔개 위에 놓는 것이 좋다.

● 왼쪽부터 서비스용의 티 포트, 추출용 유리 티 포트, 계측용인 티스푼, 모래시계, 홍차가 든 캔.

기본적인 스트레이트 티

홍차 본연의 맛과 향을 즐길 수 있는 기본적인 스트레이트 티를 가정에서 맛있게 우려내 보자.

① 신선한 수돗물을 끓인다

홍차를 우리기에 적당한 물은 산소가 듬뿍 든 신선한 물이다. 산소가 든 물이란 흐르는 물을 뜻하며, 갓 받은 수돗물이 제일 좋다. 또 물을 끓일 때 티 포트에 물을 넉넉히 담는다.

② 사용할 티 포트를 데운다

홍차의 성분을 쉽게 추출하기 위해 미리 끓여 놓은 물로 티 포트를 따뜻이 데운다. 홍차의 주성분은 80도 이상의 고온이 아니면 추출이 잘 일어나지 않기 때문이다.

③ 신선한 홍차를 준비하고 정확히 잰다

제조 연월일과 유효 기간을 정확히 확인하여 가능하면 신선한 홍차를 사용한다. 용기를 개봉한 찻잎은 시간이 지나면서 향미도 날아가 버리기 때문에 2개월을 기준으로 사용한다. 찻잎의 양은 1인분에 3g을 기준으로 한다. 큰 찻잎은 큰 티스푼으로 1술을, 작은 찻잎은 중간 크기의 티스푼으로 1술을 뜬다.

④ 끓인 물을 티 포트에 붓는다

끓인 물의 양은 1인분에 170ml를 기준으로 한다. 홍차를 우려내는 데 필요한 온도는 95~98도이기에 물을 충분히 끓인다. 끓이는 기준은 티 포트 바닥에 기포가 생기고 물 표면이 끓어오르는 상태이다. 산소가 가득한 끓인 물을 부으면 티 포트 내에서 찻잎이 위아래로 떴다 가라앉는 운동을 반복한다. 이것을 '점핑(jumping)'이라고 한다. 이 점핑이 충분히 이뤄지면 홍차 본래의 맛과 향이 잘 우러난다.

⑤ 티 포트의 뚜껑을 닫고 뜸을 들인다

풍미가 날아가지 않도록 곧바로 뚜껑을 닫고 확실히 뜸을 들인다. 뜸을 들이는 시간은 찻잎의 크기에 따라 다르기 때문에 구입할 때 패키지의 표시된 내용을 확인한다. 큰 잎은 3~5분, 작은 잎은 2~2분 30초를 기준으로 한다. 티 포트 바닥에 가라앉은 찻잎이 꼬인 것이 풀려 완전히 펴지면 뜸들이기는 완료된 것이다.

⑥ 홍차를 찻잔이나 다른 컵에 옮겨서 마무리한다

찻잎을 스트레이너로 거르면서 찻잔이나 데워 놓은 다른 잔에 따른다. 마지막 1방울은 '골드 드롭gold drop'이라 하는데, 홍차의 성분이 응축된 제일 맛있는 부분이므로 남기지 말고 붓는다. 이때 무리하게 부으려고 티 포트를 흔들면 홍차가 떫은맛이 나거나 찻빛이 탁해지기 때문에 주의해야 한다. 추출용과 서비스용의 티 포트 두 개를 사용하여 우리면 홍차의 농도를 일정하게 따를 수 있다. 또한 찻잎이 들어 있지 않아 농도가 더 이상 진해지지 않고, 마지막까지 떫어지는 일도 없어 홍차를 더 맛있게 즐길 수 있다.

● 유리 티 포트로 우려낸 홍차를 서비스용 티 포트에 조심스레 옮긴다.

찻잔에 따라 맛이 다른 홍차

홍차를 마실 때 가장 큰 즐거움 중의 하나가 바로 '찻잔을 선택하는 일'이다. 찻잔은 눈으로 볼 때 아름다움이 중요시되지만, 사실은 모양도 홍차의 향미를 느끼는 데 큰 영향을 준다.

우리가 '달다, 떫다, 시다'고 느끼는 미각은 혀로 찻물을 접할 때 느낀다. 혀의 모든 부분이 맛을 다 감지하는 것은 아니고, 특유의 맛을 느끼는 부분(혀끝은 단맛, 양옆은 신맛, 혀뿌리는 쓴맛)이 따로 있다. 오늘날에 홍차용으로 판매되는 찻잔에는 다양한 모양이 있다. 찻잔의 모양에 따라 입안에 찻물이 감도는 각도나 찻물의 농도가 변하여 자극을 받는 혀의 부위가 달라지면서 맛이 변한 것처럼 느껴진다.

높이가 낮고 가장자리가 넓은 찻잔은 홍차를 마실 때 잔을 기울이는 각도가 적고, 홍차가 넓게 서서히 혀 위로 감돌아 떫은맛을 느끼는 부위가 더 많은 자극을 받는다. 따라서 떫은맛을 싫어하는 사람에게는 적당하지 않다. 그러나 높이가 낮으면 찻빛이 투명해지고, 가장자리가 넓으면 향이 풍부하게 확산되는데, 이러한 찻잔은 홍차의 향미를 중요시하는 사람에게 적당하다.

반대로 높이가 높고, 가장자리가 좁은 찻잔은 홍차를 마실 때 찻잔을 기울이는 각도가 크고, 홍차가 입안으로 들어와 떫은맛을 느끼기도 전에 목으로 흘러 들어간다. 뒷맛이 좋고 맛이 떫은 홍차는 맛있게 마실 수 있지만, 개성이 적어 바디감이 가벼운 음료는 뭔가 부족한 느낌을 주기도 한다.

비싼 찻잔이라고 해서 홍차를 다 맛있게 마실 수 있는 것은 아니다. 그러나 재질의 종류에 따라 얇은 두께로 만든 찻잔은 가장자리가 입술에 맞고 혀 앞부터 홍차가 입안으로 들어가면서 혀끝을 자극하고 매우 좋은 단맛이 느껴진다.

같은 홍차를 다른 모양의 찻잔에 따라 부어 맛과 향의 미묘한 차이를 느껴 보길 바란다.

● 가장자리가 넓고 높이가 낮은 찻잔.

● 가장자리가 좁고 높이가 높은 찻잔.

디자인이 아름답고 다양한 찻잔들

세계에서 음용되고 있는 홍차를 위해 탄생한 것이 '찻잔'이다. 디자인을 중요시하여 선택하는 것도 좋고, 찻잔의 모양을 생각해 선택하는 것도 좋고…… 꼭 마음에 드는 하나를 발견해 보자. 늘 곁에 두고 마시던 홍차가 새삼 더욱더 맛있게 느껴질 것이다.

● 일본 노리타케(ノリタケ).

● 독일 마이센(Meissen).

● 독일 후첸로이터(Hutschenreuther).

● 이달리아 리카르드 지노리(Richard Ginori).

● 이탈리아 리카르드 지노리.

● 오스트리아 아우가르텐(Augarten).

● 오스트리아 아우가르텐.

● 헝가리 헤렌드(Herend).

● 헝가리 헤렌드.

● 프랑스 리모주(Limoges).

● 프랑스 하빌랜드(haviland).

● 프랑스 하빌랜드.

홍차 속의 인문학

● 덴마크 로얄 코펜하겐(Royal Copenhagen).

● 영국 웨지우드(Wedgwood).

● 영국 웨지우드.

● 영국 스포드(Spode).

● 영국 콜포트(Coalport).

● 영국 코프랜드(Copeland).

● 영국 웨지우드.

● 영국 로열 덜턴(Royal Dulton).

● 영국 민턴(Minton).

● 영국 민턴.

● 영국 로열 우스터(Rotal Worcester).

● 영국 스타 차이나(Star China).

● 영국 에인슬리(Aynsley).

● 영국 로열 앨버트(Royal Albert).

● 영국 콜던(Cauldon).

● 영국 셸리(Shelley).

홍차 속의 인문학

● 영국 멜바(Melba).

● 영국 민턴.

● 영국 민턴.

● 영국 에인슬리.

● 영국 파라곤(Paragon).

● 영국 스포드.

● 영국 에인슬리.

● 영국 로열 크라운 더비(Royal Crown Derby).

제3장 홍차를 우리는 기본 방식

● 영국 로열 우스터.

● 영국 에인슬리.

● 영국 스태퍼드셔(Staffordshire).

● 오른손잡이용 콧수염 컵.

● 왼손잡이용 콧수염 컵.

❧ 아이스티를 즐기다 ❧

아이스티는 홍차의 기본인 스트레이트 티를 응용한 음료이다. 홍차를 맛있게 우려낼 준비가 되었다면 꼭 도전해 보길 바란다.

온더락(on the rock) 방식

보기에도 예쁘고 목 넘김이 상큼한 것이 가장 큰 매력인 아이스티를 만들 때 가장 큰 문제는 찻빛이 탁해지는 것이다. 이러한 현상을 '크림다운cream down'이라 한다. 이를 방지하면서 향이 강한 아이스티를 우려내 보자. 온더락 방식은 두 배로 진하게 우려낸 뜨거운 티에 절반 양의 얼음을 넣어 본래의 농도로 묽혀 마시는 것이다.

① 신선한 물을 끓인다

산소가 가득한 신선한 물을 확실히 끓인다.

② 티를 두 배로 진한 농도로 우린다

1인분인 3g의 찻잎에 끓인 물 85ml를 붓는다.

③ 뜸을 들인다

뜸을 들이는 시간은 스트레이트 티보다 30초 정도 짧게 한다. 타닌이 우러나오는 것을 막아 크림다운이 일어나는 것을 방지할 수 있다. 시간은 큰 찻잎의 경우에는 2분 30초~4분, 작은 찻잎의 경우에는 1분 30초~2분으로 한다.

④ 얼음을 넣은 포트에 홍차를 따른다

서비스용 포트에 우린 홍차와 얼음을 같은 양으로 넣고 시간이 되면 골드 드롭, 즉 마지막 한 방울을 포트에 남기듯이 한다. 이어 서비스용 포트 속의 얼음을 스푼으로 휘저어 녹이면 완성이다. 이러면 너무 차지도 않은 적당한 온도의 아이스티를 만들어 마실 수 있다. 홍차 그 자체의 맛과 향을 즐기고 싶을 경우에 권하는 우리는 방식이다. 단맛을 더하고 싶을 경우에는 서비스용 포트에 얼음을 넣지 않은 상태로 홍차가 아직 뜨거울 때 단것을 넣어 준다. 그 다음에 유리컵 가득히 얼음을 채워 넣고 진하게 우려낸 뜨거운 티를 위에서 따르면서 농도를 묽힌다.

차가운 음료를 마실 때는 단맛을 쉽게 느낄 수 없기 때문에 단것의 양을 따뜻한 음료를 마실 때보다 조금 더 늘릴 것을 권한다. 단것으로 설탕을 넣으면 투명하고도 예쁜 아이스티가 완성된다.

⑤ 좋아하는 유리잔에 따른다
따라서 붓는 유리잔에 따라 아이스티의 향미도 달라진다. 다리가 긴 유리잔이나 가장자리가 넓은 유리잔에 넣어 마시면 맛과 향을 보다 더 풍부히 느낄 수 있다.

냉침 방법
온더락이 티를 갓 우려내 맛볼 수 있는 방식이라면, 냉침은 미리 우려내 준비해 놓아 즐길 수 있는 방식이다. 아이스티를 냉침 방식으로 우려내면 온도의 급격한 변화가 없어 크림다운이 쉽게 일어나지 않아 찻빛이 투명하면서도 맛과 향이 매우 부드럽다.

① 용기에 찻잎과 물을 넣는다
티 포트 등 보존 용기에 찻잎을 넣고 물을 붓는다. 물 100ml에 찻잎 1g을 기준으로 한다.

② 냉장고에 넣는다
냉장고에 넣고 약 반나절 정도 지나면 완성된다.

● 아이스티의 광고에는 레몬 티가 많이 등장한다.

(Take Tea and See 광고/1951년)

제3장 홍차를 우리는 기본 방식

미국에서 탄생한 아이스티

아이스티는 1904년에 미국의 미주리 주에서 열린 세인트루이스 박람회에서 일반 대중들에게 알려졌다고 한다. 마침 박람회에 홍차를 판매하기 위해 부스에 있던 영국의 티 상인 리처드 블렌친든Richard Blechynden이 한여름의 전시회장에서 뜨거운 홍차를 광고하였지만 손님들의 반응이 없어 고육지책으로 얼음을 넣어 제공한 것이 큰 호응을 받았던 것이다. 아이스티는 금주법 시대에 판로를 더욱더 확장하여 맥주를 대체하는 일상의 음료로 자리를 잡았다.

'콜라보다 건강에 좋다!'고 하지만, 설탕이 듬뿍 든 것이 미국식 아이스티이다.

1갤런(3.78리터)들이 페트병이 슈퍼마켓에 가지런히 진열되어 있는 모습은 장관을 이룬다. 레몬 향의 아이스티가 주류를 이루지만, 이 밖에 라즈베리, 라임, 망고 등의 향도 있다. 같은 크기의 녹차 아이스티라도 여러 종류로 진열되어 있어 그 소비량이 어마어마하다.

● 3.78리터들이 페트병의 아이스티. 중후한 느낌이 있다.

물론 카페에서도 아이스티는 인기가 매우 높다. 세인트루이스 박람회에서 상업적으로 함께 등장하였다는 햄버거와 어울려 세트 상품으로 간주되면서 햄버거를 주문하면 으레 레몬이 든 홍차가 제공된다. 레몬의 생산 대국인 미국다운 방식이다.

아이스티가 일상화되어 있는 미국에서는 강렬한 태양 아래에서 아이스티를 만드는 '선 티$^{sun\ tea}$'라는 관습도 형성되었다. 일반적인 물에 찻잎을 넣어 우려내는 냉침 방식에 가깝지만, 태양의 햇살이 드는 장소에 찻잎과 물이 든 병을 놓아둔다는 점에서 큰 차이가 있다. 태양열로 병 속의 물을 데워 진한 아이스티로 우려내는 것이다. 오늘날에는 그 모습이 점차 사라지고 있지만, 현관 앞에 큰 테라스가 있는 주택이 유독 많은 미국에서 오직 즐길 수 있는 방식이다.

● 콜드 브루용의 티백. 아이스티 문화가 발달한 미국의 대표적인 상품이다.

⌒⌒ 티백을 맛있게 우려내다 ⌒⌒

티백 속에는 찻잎이 들어 있어 스트레이트로 우려내는 방식이 기본이다. 손쉽게 마실 수 있는 티백으로 향이 좋고 맛도 있는 홍차를 우려내 보자.

① 용기를 데운다
홍차의 성분을 우려내기 위해 찻잔이나 티 포트를 확실히 데워 놓는다.

② 용기에 뜨거운 물을 붓는다
티백 1개에 찻잔 1잔분의 찻잎이 들어 있다. 뜨거운 물의 양은 1인분에 170ml가 기준인데, 머그잔인 경우에는 용적이 커 뜨거운 물을 너무 많이 넣을 수도 있어 주의해야 한다.

③ 티백을 넣는다
뜨거운 물을 부은 찻잔이나 머그잔 안에 티백을 차분히 넣는다.

④ 뚜껑을 닫고 뜸을 들인다
향이 날아가지 않도록 곧바로 뚜껑을 닫고 확실히 뜸을 들인다. 뜸을 들이는 시간은 티백 속에 들어 있는 찻잎의 크기에 따라 다르다. 패키지에 표기된 대로 하면 된다.

⑤ 건져 낼 때, 마지막 한 방울마저 우려낸다
뜸을 들이는 시간이 지나면 서서히 건져 올린다. 티백을 흔들거나 티스푼 등으로 눌러 짜면 떫은맛과 쓴맛이 나올 수 있어 주의해야 한다.

여러 모양의 티백들

티백은 다양한 소재와 모양으로 생산되고 있다. 개발 당시에는 소재로 거즈가 많이 사용되었지만, 오늘날에는 그 모습을 찾아보기가 쉽지 않다. 유럽에서 주로 사용되고 있는 소재는 종이이다. 종이는 가격은 낮지만 그 품질에 따라 향미를 훼손할 우려가 있고, 특히 물이 연수(단물)인 나라에서는 품질이 좋은 것을 골라야 한다.

부직포는 우러나는 추출성이 우수할 뿐 아니라 홍차 가루도 새어 나오지 않아 인기가 높다. 최근 잎차용으로 나일론 소재로 고안된 정사각형 모양의 티백이 주목을 받고 있지만, 고온에서 우려내는 경우에 미미하지만 플라스틱 냄새가 나는 문제가 있다. 그런데 최근에는 식물성 녹말을 조직화해 짜서 만든 것도 있다. 이 경우에는 냄새가 나지 않고 쓰레기로 버려도 유독 가스가 발생하지 않아 환경 문제를 야기하지 않는다는 점에서 높이 평가를 받고 있지만, 가격이 비싸다는 단점이 있다.

● 전 세계에는 다양한 모양의 티백이 있다 동일한 브랜드이시만 각 나라의 기호니 수질를 고려하여 소재나 모양을 바꿔 판매하고 있다.

뜸을 들이지 않는 티백

근년 들어 약간은 색다른 종류인 '뜸을 들이지 않는 유형의 티백'이 증가하고 있다. 스틱 유형, 금속제형 등 다양한 종류의 티백이 백화점과 홍차 전문점에서 판매되고 있다. 겉모양이 매우 흥미로워 큰 화제를 불러일으키고 있지만, 이것을 다루는 데는 약간의 주의가 필요하다.

● 원숭이 모양의 동체 부분에 구멍이 뚫려 있어 홍차의 진액이
   우러나도록 되어 있다.

● 독일의 티룸에서 본 귀여운 원숭이. 이 원숭이는 사실 금속제
   티백이다.

홍차는 뚜껑을 닫고 찻잎을 뜸들이면서 성분을 우려내는 음료인데, 이와 같은 유형의 티백에서는 홍차 본래의 향미가 완전히 살아나지 못할 수도 있다. 따라서 홍차를 속에 채워 넣는 방식으로 고안해 나갈 필요가 있다. 이때 홍차는 CTC 방식의 홍차를 권한다. CTC 방식으로 생산된 홍차는 뜨거운 물을 부으면 짧은 시간에 우러나고, 찻잎이 물을 흡수하여도 부피가 약간만 늘어나는 정도이다. 따라서 좁은 공간에서도 비교적 풍부한 향미를 연출할 수 있다. 스틱 유형의 티백 안에 든 찻잎도 물론 CTC 방식으로 생산된 홍차이다. 각자 자신만의 티백 유형에도 관심을 기울여 보길 바란다.

● 헝가리 카페에서 제공된 스틱 유형의 티백. 사진에서 앞쪽은 홍차를 베이스로 한 얼 그레이 티이고, 뒤쪽은 녹차이다.

다양한 디자인의 티 포트

요즘에는 티백을 머그잔에 직접 넣어 홍
차를 우려내는 스타일이 증가하고 있어,
그 생산량이 감소하고 있는 티 포트. 하
나의 티 포트로 홍차를 서로 나눠 마시는
즐거움을 꼭 이어 가길 바란다.

● 영국 스포드.

● 영국 로열 우스터.

● 영국 로열 우스터.

● 영국 로열 앨버트.

● 헝가리 헤렌드.

● 오스트리아 아우가르텐.

● 헝가리 헤렌드.

● 영국 민턴.

● 덴마크 빙 엔드 그런달(Bing & Grondahl).

● 영국 에인슬리.

● 영국 로열 덜턴.

● 영국 웨지우드.

● 영국 민턴.

● 오스트리아 아우가르텐.

● 영국 로열 앨버트.

제3장 홍차를 우리는 기본 방식

맛있는 밀크 티를 즐기다

세계 각국에서 사람들이 어떻게 밀크 티를 즐기고 있는지 알아보자.

● 영국

영국인이 밀크 티를 좋아하는 것은 전 세계에 널리 알려져 있다. 오늘날 영국에서 마시는 홍차의 95%가 밀크 티이다.

2003년에 영국 왕립화학회^{Royal Society of Chemistry}가 발표한 「한 잔의 완벽한 홍차를 우리는 방법」은 전 세계에서 화제가 되었다. 이 발표에 따르면, 맛있는 홍차를 우리는 데는 '아삼산의 찻잎', '연수', '차갑고 신선한 우유', '백설탕'의 재료가 필요한데, 그중에서도 '우유'가 밀크 티의 맛을 최종적으로 결정한다고 한다.

중요한 것은 우유를 넣는 방식이다. 우유를 찻잔에 먼저 넣은 다음에 홍차를 넣고 풍부하고 맛있어 보이는 색상의 조화를 완성시켜야 한다는 가이드를 제시하였다. 영국에서는 예로부터 상류 계층은 홍차의 찻빛을 즐긴 뒤에 우유를 넣는 습관이 있었다. 반면 노동자 계층은 비록 조잡한 그릇이지만 뜨거운 홍차로 금이 가지 않도록 우유를 먼저 그릇에 넣은 다음에 홍차를 따르는 습관이 있었다. 전자는 '밀크 인 애프터^{MIA, Milk In After}', 후자는 '밀크 인 퍼스트^{MIF, Milk In First}'로 불렸다. 그런데 영국 왕립화학회는 2003년에 'MIF'가 홍차의 맛이 더 훌륭하다고 발표한 것이다.

영국의 왕립화학회는 '차갑고 신선한 우유'로 빅토리아 왕조 시대 말에 상품화된 '저온 살균 우유'를 권장한다. 이 저온 살균 우유는 오늘날 영국 내에서 시판되는 우유의 80%를 차지하고 있다. 저온 살균 우유는 생우유의 끓는점인 75도 이하에서 살균한 우유이다. 저온에서 살균하여 향미가 갓 짜낸 생우유에 가깝다. 영국 왕립화학회는 찻잔에 든 우유에 뜨거운 홍차를 넣더라도 그 속의 밀크 티 온도가 75를 넘지 않도록 해야 한다고 당부한다.

이 발표는 곧 홍차를 좋아하는 동양 사람들이 우유를 선택하는 데에도 큰 영향을 주었다. 참고로 밀크 티는 영국에서는 'Tea with milk'라고 한다.

물론 영국이 차나무를 재배하였던 인도, 스리랑카에도 독자적인 밀크 티의 문화가 있다. 이에 대해서는 제5장의 '세계의 티타임'에서 소개한다. 여기서는 이들 나라를 제외한 세계 여러 곳에서 사람들이 밀크 티를 어떻게 즐기고 있는지에 대해 소개한다.

• 네덜란드

네덜란드에서는 동인도 회사의 대사가 1655년에 중국 광둥성에서 개최된 황제 만찬회에 초청되었는데, 이곳에서 티에 데운 우유와 소금을 넣어 마셨다는 기록이 전해진다. 오늘날 홍차의 소비량이 줄어들고 있는 네덜란드에서는 밀크 티를 좀처럼 찾아볼 수 없다. 티 숍 등에서 홍차를 베이스로 하는 밀크 티에 사용하는 우유는 대부분이 고온 살균 우유이다.

● 밀크 티의 맛을 살리는데 적합한 저온 살균 우유.

• 루마니아

루마니아에서 일상적으로 마시는 밀크 티는 홍차에 우유뿐만 아니라 브랜디 술도 들어 있는 것이 특징이다. 플럼 브랜디인 '추커Tuică'와 서양배로 만든 브랜디인 '윌리아미네Williamine'도 밀크 티와 잘 어울려 호평을 받고 있다. 우유는 고온 살균 우유를 사용한다.

• 중국

아편 전쟁 뒤에 많은 영국인들이 중국으로 이동하면서 밀크 티를 마시는 습관도 자연스레 들어왔다. 그러나 중국인들은 본래 우유를 마시는 습관이 없었고, 또한 중국에서는 우유를 얻을 수 있는 목장도 적었기 때문에 신선한 우유를 얻을 수는 없었다. 이러한 이유로 1856년에는 '가당연유condensed milk'가, 1885년에 '무당연유evaporated milk'가 캔의 형태로 보관 및 유통되었는데, 그 뒤부터 신선한 우유보다 연유를 사용하는 밀크 티가 보다 더 일반화되었다.

• 타이완

타이완도 중국과 마찬가지로 우유에 익숙하지 않은 나라였다. 따라서 밀크 티 문화가 확산된 것은 비교적 근래의 일이다. 홍콩에서 들어온 무당연유를 사용한 '타피오카 밀크 티tapioca milk tea'는 오늘날 그 인기가 매우 높다. 우유는 고온 살균 우유가 시장의 대부분을 차지하고 있다. 타이완에서는 최근 들어 저온 살균 우유를 생산하는 농가가 점점 더 늘고 있지만, 아직은 이를 취급하는 상점들이 매우 적은 편이다.

● 타이완에서 큰 인기를 끌고 있는 타피오카 밀크 티. 이곳을 방문하는 관광객들에게도 그 인기가 매우 높다.

홍차 속의 인문학

• 유고슬라비아

유고슬라비아에서는 '너트 밀크 티[nut milk tea]'가 큰 인기를 끌고 있다. 특산품인 호두와 찻잎을 함께 넣고 끓이는 방식으로 밀크 티를 만든다. 마무리는 생크림과 약간 구운 호두를 얹어 영양성이 높은 밀크 티로서 현지인들에게 큰 사랑을 받고 있다.

• 미국

아이스티로 유명한 미국도 밀크 티의 소비가 적은 나라이다. 미국에서는 고온 살균 우유가 시장의 대부분을 차지하고 있다. 그런데 동해안 지역의 일부 시골에서는 영국의 영향이 컸기 때문에 지금까지도 영국식의 저온 살균 우유를 넣은 밀크 티를 즐긴다.

• 일본

일본에서는 메이지 유신으로 문명이 개화되면서 영국의 홍차 문화와 함께 밀크 티도 유입되었는데, 점차 상류 계층의 하이칼라 문화로 정착되었다. 『금색야차[金色夜叉]』의 저자로 유명한 메이지 시대의 작가, 오자키 고요[尾崎紅葉, 1867~1903]는 그의 일기에서 "귀중한 홍차를 '홍차밀크'로 만들어 마셨다"고 쓰고 있고, 또한 "홍차밀크란 2홉의 우유에 홍차와 설탕을 첨가한 것"이라고 설명하였다. 우유로 끓여 낸 밀크 티와 인도풍의 차이[chai]에 가까워, 고농도로 단맛을 내는 홍차였을 것으로 여겨진다.

오늘날 일본의 우유 시장에서는 고온 살균 우유가 대부분을 차지하고 있다. 또한 찻집에서 밀크 티를 주문하면 크리머[creamer]와 함께 나오는 것우 일본만의 독특한 문화이다.

• 싱가포르

싱가포르에서는 우유를 대부분 수입하고 있다. 다민족 국가이기 때문에 아시아에서 오스트레일리아에까지 그 수입 국가도 다양하다. 아시아로부터는 고온 살균 우유를, 오스트레일리아로부터는 저온 살균 우유를 수입한다.

❦ 플레이버드 티(flavored tea) ❦

지금으로부터 900여 년 전 중국에서 시인 등의 문인들이 풍류의 하나로 티에 꽃향기를 첨가한 일이 중국판 원조 플레이버드 티(가향·가미차)인 것으로 전해진다. 찻잎에 꽃을 섞어 향을 입히거나 나무를 태운 연기로 훈연한 것이 서양 사람들에게 높은 인기를 끌면서 알려졌다. 오늘날에는 찻잎에 건조시킨 꽃과 과일, 향신료 등을 섞어 그 모습을 화려하게 만든 것과 에센스 오일로 착향시킨 것도 있어, 매우 다양한 플레이버드 티를 즐길 수 있다.

서양에서는 일상에서 탈피하는 감각을 주거나 지친 기분을 풀어주는 플레이버드 티들이 인기가 높다. 특히 유럽의 독일과 프랑스, 스웨덴 등에서는 플레이버드 티들이 그 종류가 매우 다양하고, 소비량도 매우 높다. 최근에는 홍차뿐 아니라 녹차에도 배나 망고 등 과일 향을 입힌 플레이버드 티들이 티 숍에 많이 진열되어 있다. 특히 눈으로 보기에도 아름답고 냄새도 향기로우면서 분위기를 연출하는 플레이버 티들이 큰 인기를 끌고 있다.

그러한 플레이버드 티들 중에서도 가장 대표적인 것이 얼 그레이^{Earl Grey}이다. 19세기에 영국의 수상 찰스 그레이 백작^{Charles Grey, 1764~1845}이 중국의 특산품으로 선물을 받은 '정산소종'을 상당히 마음에 들어 하여 영국에서도 만들도록 한 것이 그 시초였다고 한다. '얼

Earl'은 영어로 백작을 의미하고, '그레이^{Grey}'는 그의 성이다. 그러나 유감스럽게도 중국의 용안이라는 과일과 비슷한 향을 지닌 정산소종의 특유한 향을 재현할 길이 없어, 대신할 수 있는 향으로서 당시 고급 식자재였던 감귤과의 베르가모트의 향을 중국산 티에 혼합하여 새로운 티 블렌드가 만들어졌다.

● 자연산 베르가모트. 얼 그레이 티의 인기와 함께 그 생산 농가들이 늘고 있다.

홍차 속의 인문학

그리고 20세기에 들어오면서 에센스 오일로도 착향할 수 있게 되면서, 베르가모트의 에센스 오일로 홍차에 향을 가한 오늘날의 얼 그레이 티가 탄생한 것이다.

향이 특징인 플레이버드 티는 즐길 수 있는 방법이 매우 다양하다. 애플티와 애플파이 등과 같은 향을 지닌 푸드와 페어링하여 마셔 보거나 꽃구경을 주제로 한 티 모임에 벚꽃 향이 나는 플레이버드 티를 선택하여 단맛을 약간 가하면 만족감도 높아지고 다이어트에도 큰 효과가 있는 것이다.

플레이버드 티를 우릴 때는 에센스 오일의 향이 티 포트의 플라스틱 부분에 밸 수도 있어 일반 홍차를 우리는 것과는 별도로 티 포트를 준비하여 사용해야 한다. 같은 이유로 플레이버드 티를 한 번 보관하였던 티 캔에 일반 홍차를 보관할 경우에는 캔 내에 향이 남아 있지 않은지를 반드시 확인해야 한다.

● 베르가모트를 잘라 홍차에 띄우면 향이 진한 얼 그레이 티를 맛볼 수 있다.

얼 그레이 생가를 방문하다

'플레이버드 티의 선구자'로 세계적인 명성을 날리는 찰스 그레이의 생가이며, 그가 평생 사랑하였던 컨트리 하우스가 호윅 홀^{Howick Hall} 하우스이다. 이 하우스는 유감스럽게도 공개되지 않지만, 넓은 정원과 그레이 가문이 대대로 계승해 온 교회는 개방하고 있다.

자연미가 풍부한 호윅 홀의 부지. 이 하우스 근처에는 작은 개울이 흐르는데 물도 매우 맑다. 도시 생활에 매우 서툴렀던 그레이 백작은 이 저택에서 사적인 생활을 보내고 자식들도 기숙학교에 보내지 않고 이곳에서 키웠다. 유명한 얼 그레이의 티 블렌드는 호윅 홀 하우스 우물의 수질에 맞춰 블렌딩되었다고 한다. 부인인 레이디 그레이는 런던에서 오는 손님을 이 자신만만한 얼 그레이 티로 대접하였다고 한다.

호윅 홀 부지 내에는 백작가의 볼 룸^{Ball room}(사교 댄스장)을 리모델링하여 만든 '얼 그레이 티 하우스'가 있다. 실내에는 물론 그레이 백작의 초상화가 걸려 있다. 이 티 룸을 방문하면 당연히 홍차 메뉴로 얼 그레이를 선택할 것이다. 호윅 홀 하우스 블렌드를 주문하면, 중국의 정산소종을 베이스 티로 만든 것이 나온다. 그레이 백작이 살아 있던 시대를 떠올리는 티 블렌드이다. 얼 그레이는 현대식의 플레이버드 티이지만, 영국에서는 보통 곁들여지지 않는 레몬이 함께 제공된다. 이와 같은 연출도 오로지 그레이 백작의 생가에서만 내세울 수 있는 자랑이다.

● 제2대 찰스 그레이 백작(1844년판).

● 그레이 백작이 사랑하였던 호윅 홀 하우스.

● 2004년에 개장한 얼 그레이 티 하우스.

싱글 오리진 티

'싱글 오리진single origin'이란 동일한 산지, 품종의 찻잎을 사용하여 만든 티라는 뜻이다. 생산지와 생산자를 확실히 알 수 있고, 블렌딩이나 착향 등의 가공을 전혀 하지 않아 티 본래의 개성을 그대로 맛볼 수 있는 홍차를 '싱글 오리진 티'라고 한다. 와인과 커피, 초콜릿, 카카오의 세계에서는 홍차보다 먼저 싱글 오리진의 세계를 주목하였다. 각각의 산지나 품종의 특징을 오롯이 살려서 즐길 수 있는 싱글 오리진. 오늘날 홍차 업계에서는 이 싱글 오리진 티를 보호하려는 움직임이 일고 있다.

싱글 오리진 티 중 하나로 세계적으로 유명한 홍차인 인도의 다르질링 티는 2016년 10월부터 유럽연합(EU)의 지리적 표시제(GI)로 보호를 받고 있다. 지리적 표시제란 어떤 상품의 품질이나 평가가 특정한 지리적 원산지에서 기원하는 경우, 그 상품의 원산지를 특별히 표시하는 제도로서 조약과 법령에 따라 지적재산권의 하나로 보호되는 것이다. 예를 들면, 프랑스 샹파뉴 지방에서 만든 와인만 '샴페인Champagne'이라는 이름이 붙듯이, 특정 지역의 상품을 보호하기 위한 제도이다. 이에 따라 유럽연합의 지역에서는 다르질링 티의 가격이 급등하였다. 예전에는 다르질링 인근에서 수확한 찻잎을 섞어도 '다르질링 티'로 표시되었지만, 앞으로는 그것이 금지돼 시장에서 거래되는 다르질링 티의 양이 매우 적어질 것으로 예상되었기 때문이다. 이와 관련하여 지리적 표시제 보호 협정을 체결하지 않은 미국, 중국, 일본 등의 움직임도 주목을 끌고 있다.

싱글 오리진 티가 보호되는 요즘에 세계 각지에서는 싱글 오리진 티가 소개되어 '싱글 오리진 티 페스티벌'과 같은 행사도 개최되고 있다. 전 세계의 다원에서 엄선된 싱글 오리진 티를 비교 테이스팅하여 판매하면서 생산자와의 교류를 넓히기 위한 행사이다. 이러한 활동은 홍차 분야에서도 진행되어, 오늘날 각지에서는 '지역 특산 홍차 서밋'의 개최를 선두로 홍차의 생산자와 소비자들의 각종 교류 행사들이 자주 개최되고 있다.

● 아사미카 품종의 차나무에서 가위로 찻잎을 따는 모습.

BANNOCKBURN

DJ1

FTGFOP1
FIRST FLUSH
DARJEELING TEA

SEASON : 2016

● 영국에서도 최근 들어 싱글 오리진 티에 대한 관심이 늘고 있다. 포트넘 앤 메이슨
(Fortnum & Mason) 매장 안에 전시된 다르질링 티.

전 세계에는 매우 다양한 종류의 홍차 브랜드가 있다. 각 업체들은 창업부터 독자적인 콘셉트를 유지해 온 역사가 있다. 브랜드 스토리를 아는 일은 그 업체를 대표하는 티 블렌드의 매력을 이해하는 일이다.

● 트와이닝스(Twinings)

1706년 창업한 세계에서도 가장 오래된 티 업체인 트와이닝스는 중산층을 대상으로 한 커피 하우스에서 사업을 시작하였다. 1717년에는 티를 소매하는 '골든 라이언$^{Golden\ Lyon}$'을 개설하여 큰 화제를 모았다.

중국인을 상징하는 인형과 황금 사자를 캐릭터로 디자인한 가게 로고는 이 업체가 중국 상품을 거래한다는 광고가 되었고, 길을 오가는 사람들의 발길을 붙잡았다. 19세기 초에 트와이닝스가 블렌딩하였다는 얼 그레이는 플레이버드 티를 마시는 습관이 정착되지 않았던 영국에서도 인지도가 매우 높았다. 1837년에 왕실 납품을 공인받은 뒤에 오늘날까지도 왕실에 티를 납품하고 있다. 20세기에 들어서면서 블렌딩된 잉글리시 브랙퍼스트$^{English\ breakfast}$는 영국인들의 아침 식사 메뉴로 정착되어 이 업체의 대표적인 상품이 되었다.

● 영국의 티 업체인 트와이닝스의 신상품 아이템인 미니카는 인기 상품이었다. 왼쪽은 275주년을 기념하는 티 캔.

• 포트넘 앤 메이슨(Fortnum & Mason)

1707년에 왕실에서 시종으로 일하던 윌리엄 포트넘[William Fortnum]과 지주였던 휴 메이슨[Hugh Mason]이 공동으로 세운 고급 식료품점인 포트넘 앤 메이슨은 1720년경부터 티를 상류층을 대상으로 판매하기 시작해 입소문으로 점차 성장하였다.

이 업체의 식품용 바구니인 햄퍼[hamper]를 사용하는 택배는 일반 시민들에게 동경의 대상이 되었고, 'F&M 로고가 찍힌 바구니를 본 사람들은 '저 속에 어떤 맛있는 식품이 들어 있을까'라고 여러 상상들을 부풀렸다고 한다. 전쟁 시에도 햄퍼는 전장에 있는 고급 장교 앞으로 배송되었지만, F&M 로고가 보이면 탈취될 우려가 있어 간소한 상자에 의도적으로 바꿔 넣어 배송되었다고 한다.

1964년에는 홍차 티 캔의 마크가 된 기계식 시계가 설치되었다. 예술적 요소가 높은 윈도 디스플레이는 거리의 경관에도 기여하고 있다. 이 업체에서 가장 유명한 티 블렌드인 '퀸 앤[Queen Anne]'은 창업 당시 여왕의 이름을 붙인 것이다. 이 밖에도 '로열 블렌드[Royal Blend]', '러시안 캐러번[Russian Caravan]' 등의 인기 상품이 있다. 최근에는 무게를 달아서 판매하는 프리미엄 티도 큰 인기이다.

● 포트넘 앤 메이슨의 상징인 기계식 시계.

● 해러즈 ^{harrods}

해러즈는 1834년에 처음으로 설립되었다. 창업 당시 해러즈는 백화점이 아니라 티 소매를 중심으로 한 식료품점이었다. 현재 매장이 있는 나이트브릿지^{Knightsbridge}로 이전한 것은 1849년의 일이다. 해러즈의 경영이 확장된 것은 해러즈 2세 때이다. 그는 1861년에 경영권을 쥐자마자 매장 주위의 부지를 매입하여 대형 매장으로 늘렸는데, 1883년에 불행하게도 건물이 화재로 전소되었다.

그러나 위기를 기회로 삼아 신속하게 수습하여 역으로 고객의 신용을 얻는 데 성공하였다. 그 뒤 새롭게 고급 백화점으로 개장되면서 오늘날 해러즈의 원형이 되었다. 식료품이 전시된 푸드 홀 내에 장식된 타일 양식은 훌륭한 볼거리이다. 해러즈의 번영은 영국 경제 발전의 상징이 되었고, 또한 런던 최대의 백화점으로 인정을 받았다.

● 해러즈의 조명 장식은 거리의 명물이다.

여기에는 홍차가 항상 150종류 이상으로 진열되어 있다. 창업 이래 인기가 최고인 티 블렌드는 'NO.14'로, 그 이름은 해러즈에 처음으로 정차하였던 노선버스의 번호에서 유래되었다.

● 해러즈에서 처음으로 블렌딩된 '아카이브 컬렉션 퍼스트 블렌드archive collection first blend'의 모방본인 홍차 캔이다.

제3장 홍차를 우리는 기본 방식

• 마리아주 프레르(Mariage Frères)

1854년에 마리아주 가문의 형제들은 티 도매 업체를 창업하였다. 소매업을 시작한 것은 1980년대의 일이다. 검정, 노랑, 베이지의 색으로 디자인된 티캔은 소매업의 론칭을 기념하여 제작되었다.

소매업에서 내건 슬로건은 '와인을 팔듯이 홍차를 팔자'로, 세계 각지에서 미지의 산지로 남은 곳에서 생산되는 희귀한 티를 구하여 프랑스에 확대하려는 것이었다.

● 마리아주 프레르의 로고는 매장의 간판이나 오리지널 찻잔 등에도 새겨져 있다.

마리아주 프레르는 '예술 홍차'라는 명성 그대로 다기와 인테리어에도 특유의 세계관을 녹여 냈다. 일본에서 티 박람회가 열렸을 당시에는 일본의 다기들을 적극적으로 도입하여 유럽에 주철(철) 주전자의 인기에 불을 붙였다. 찻잎을 사용하는 요리와 단과자의 서비스와 판매, 그리고 요리와 홍차의 페어링을 권장한 것도 이 회사의 큰 공적이다. 또 티 향이 나는 양초와 향수 등과 같이 새로운 신상품의 개발은 늘 홍차 업계에 신선함을 안겨 주었다.

마리아주 프레르에서 다루는 티는 수백 종류에 이르지만, 도매업을 시작할 때부터 판매하고 있는 '1854'는 지금도 큰 인기를 끌고 있는 티 블렌드이다. 또 주제를 담아 블렌딩한 플레이버드 티인 '에스프리 드 노엘Esprit de Noel'과 '마르코폴로Marco polo', '트로피칼TROPICAL', '볼레로BOLERO' 등은 유명세로 인해 그 모방 상품들이 수없이 많이 쏟아진다.

• 쿠스미 티(Kusumi Tea)

농부의 아들로 태어난 파벨 미하일로비치 쿠스미초프Pavel Michailovitch Kousmichoff, 1840~1908는 14세 때 러시아 상트페테르부르크의 한 홍차 가게에서 점원으로 일하였다. 글을 읽지도, 쓰지도 못하였던 이 소년의 특별한 재능을 일찍이 알아차린 가게의 주인은 티 블렌딩의 기술과 찻잎을 다루는 방법을 전수하였다.

1867년에 가게의 주인은 쿠스미초프의 결혼을 축하하는 뜻에서 작은 가게에 '쿠스미초프'라는 이름을 붙여 건네주었다. 이 가게는 점차 매출을 늘려만 갔는데, 1901년에는 러시아의 로마노프 왕가Romanov dynasty에 홍차를 전속으로 납품하는 업체로 올라섰다. 그의 아들이 가게를 이었을 당시에는 해외수출의 판로가 확대되면서 러시아 내에서도 인기가 높아졌는데, 지점 가게의 수난 50개를 넘어서 당시에 부동의 입지에 올라섰다.

그러나 1917년에 러시아에 혁명이 일면서 파리로 망명하여 본사를 파리로 이전하였는데, 이때 업체의 이름도 오늘날의 '쿠스미 티'로 바꾸게 된 것이다. 그런데 제2차 세계 대전이 종전되고 경제 불황이 닥쳐 1946년에 3세대가 사업을 이었을 당시에는 각종 사업들이 경영 악화에 놓이면서, 결국 쿠스미 가문은 1972년에 쿠스미 티의 경영에서 완전히 물러나게 되었다.

현재 쿠스미 티는 창업의 역사에 맞게 '상트페테르부르크Saint Petersburg', '아나스타샤Anastasia', '사모바르Samovar', '트로이카Troika' 등 러시아와 친숙한 티 블렌드들을 판매하고 있다.

● 쿠스미 티의 매장에는 다양한 색상의 홍차 캔이 진열되어 있어 늘 사람들을 매료시킨다.

홍차 속의 인문학

• 니나스(Ninas)

니나스는 프랑스 남동부에 위치한 마르세유의 향료 업체인 '라 디스틸리 플레르^{La Distillerie Fleurs}'가 그 전신이다. 이 업체는 프랑스에서 처음으로 라벤더의 에센스 오일을 추출하는 데 성공하여 큰 명성을 날렸다. 그 에센스 오일은 베르사유 궁전에도 납품되어 왕족들로부터 큰 사랑을 받았다고 한다. 이 업체의 정향 기술은 1900년에 홍차에 장미 향을 가하는 데에도 활용되어 큰 화제를 불러일으켰다.

니나스 티는 1965년에 향료 업체인 라 디스틸리 플레르의 증류소를 인수하면서 처음으로 생산되었다. 니나스 티는 착향된 모든 향료들이 천연 아로마와 꽃잎, 그리고 과일로부터 추출되어 생산되는 것이 가장 큰 특징이다. 이러한 착향 작업은 또한 오직 프랑스 내에서만 이루어지고 있다.

장미 향 홍차에 사용되는 장미 에센스 오일은 1kg을 생산하기 위해 장미꽃이 약 1톤이나 사용된다고 한다. 여성들에게 큰 인기를 끌고 있는 플레이버드 티인 '마리 앙투아네트^{Marie Antoinette}'는 베르사유 궁전의 농원에서 갓 딴 신선한 사과와 장미꽃을 사용하여 만든다. 이 플레이버드 티는 오늘날 베르사유 궁전 내에서도 판매되고 있다.

● 여성들에게 인기가 대단히 높은 니나스 티.

• 립톤 Lipton

세계적인 홍차 브랜드인 립톤은 스코틀랜드 노동자 계층의 한 젊은이가 창업한 홍차 전문 업체이다. 미국에서 사업의 기초를 익히고 영국으로 건너간 뒤, 부친이 운영하던 작은 식료품점에서 일을 돕던 토머스 립톤 Thomas Lipton, 1850~1931은 고향인 스코틀랜드에서 사업적 능력을 서서히 발휘하면서 1871년에 사업을 독립하였다.

립톤이 내세운 슬로건은 '광고할 기회를 절대로 놓치지 마라! 단, 상품의 품질은 우수해야 한다는 것이 전제 조건이다', 그리고 '비전, 결단, 행동, 기회는 놓치지 마라'였다.

● '다원에서 직접 티 포트로'. 19세기말에 '산지에서 직접 운송'을 고집하였던 립톤의 이러한 기업 이념은 전 세계의 다른 기업들에 크나큰 영향을 주었다(1894년판).

립톤은 1890년부터 시작한 홍차 사업을 확대하기 위해 이듬해에 스리랑카로 건너가 다원들을 사들였다. 1892년에 발표된 '다원에서 티 포트까지'라는 광고는 립톤 업체의 대표적인 슬로건이 되었다. 또한 '세계의 모든 티 포트를 립톤이 채운다'는 지구본을 모티브로 그린 광고도 사람들을 깜짝 놀라게 하였다. 1906년에 립톤의 홍차는 일본에도 수출되어 노란 캔, 푸른 캔과 함께 일본의 홍차 문화를 지탱하였다.

립톤은 창립자인 토머스 립톤이 혼자서 일으킨 회사였기 때문에 업체의 이미지는 곧 립톤 자신의 이미지였다. 그는 자선 활동에 매우 적극적이었는데, 그 공헌을 인정받아 왕실로부터 '경^{Sir}'의 칭호까지 받았다. 이는 곧 광고에도 활용되어 업체 매출의 증가로 이어졌다. 가난한 노동자 계층에서 태어난 토머스 립톤의 이러한 성공 이야기는 그 뒤 영국의 수많은 사람들에게 큰 희망을 안겨 주었다.

유감스럽게도 립톤이 사망한 뒤에 업체는 곧 미국의 기업에 넘어갔지만, '세계의 티 포트를 립톤으로 채운다'는 그의 꿈은 지금까지도 이어지고 있다.

∾ 기타 홍차 브랜드 ∾

● 프랑스

미식가의 나라인 프랑스에는 고품질의 홍차를 취급하는 브랜드가 매우 많다. 1854년에 설립된 업체로 빨간 티 캔이 특징인 '에디아르^{Hediard}'는 이국적인 과일이나 향신료를 사용한 독자적인 티 블렌드로 시장에서 높은 평가를 받아 프랑스에서도 명품 업체들로만 구성되는 '콜베르위원회$^{Comité\ Colbert}$'에 식료품 업체로는 유일하게 선정되었다.

홍차 캔에 고양이 두 마리가 그려진 브랜드인 '자낫^{Janat}'은 1872년에 설립되었다. 티와 과일, 향신료 등 원재료를 생산지로부터 직접 사들여 와 홍차를 생산한다.

플레이버드 티로 유명한 '포숑^{Fauchon}'은 향신료를 취급하는 전문 식품업체로 1886년에 설립되었다. 미식 문화의 선두 업체로서 향이 풍부한 홍차를 전 세계로 보급하고 있다.

1919년에 설립된 '벳주만 앤 바통$^{Betjeman\ \&\ Barton}$'은 파리 본점에서는 은색의 대형 티 캔을 손에 들고 홍차의 향을 하나씩 맡아 볼 수 있다. 그 품질을 높이 인정을 받아 프랑스의 유명 미식 잡지인 〈르 기드 구르망$^{Le\ Guide\ Gourrmands}$〉의 평가에서 홍차 부문 금상을 받았다.

● 빨갛게 아름다운 티 캔은 그 자체가 에디아르 브랜드의 이미지이다.

• 스리랑카

대표적인 홍차 생산국인 스리랑카에도 개성적인 홍차 브랜드가 있다. 1983
년에 설립된 '믈레즈나^{Mlesna}'는 스리랑카에서도 최고 품질의 찻잎만으로 홍
차를 생산한다. 풍부한 향을 추구하기 위하여 오직 새싹만으로 티 블렌드
를 만들어 판매한다.

러시아 출신의 전속 디자이너를 기용해 개성적인 패키지로 고객들을 매료시
키고 있는 '바질루르 티^{Basilur Tea}'는 2008년에 설립되었다. 스리랑카의 대자연
속에서 재배된 차나무에서 찻잎을 수확하여 사용하고, 이렇게 수확된 찻잎
은 1개월 이내에 티로 생산한다.

● 세계 각지에 그 매장을 늘리고 있는 믈레즈나. 사진은 러시아 모스크바의 도모데도보 국제공항
  내의 매장이다.

● 미국

1983년에 설립된 '허니 앤 선즈^{Harney and Sons}'는 뉴욕에서도 인기가 매우 높은 홍차 브랜드이다. 유명 호텔 스위트룸에는 반드시 빠지지 않는 홍차로 인식된다. '홍차계의 오스카상'이라는 영국 런던의 '애프터눈 티 어워즈^{Afternoon Tea Awards}'를 수상하였다.

● 영국

영국도 물론 홍차의 브랜드가 많은 나라이다. 1869년에 설립된 '윌리엄슨^{Williamson}'은 인도와 케냐, 그리고 탄자니아에서 다원을 소유하면서 티의 생산에서부터 판매에 이르기까지 직접 관리하며, 공정무역^{Fair Trade}에도 적극적이다.

1886년에 설립한 '위터드 오브 첼시^{Whittard of chelsea}'는 오늘날 영국에만 130곳의 매장 수를 자랑한다. 한정된 디자인의 홍차 캔과 오리지널 찻잔은 사람들의 발길을 돌려세운다. 아이템 상품도 약 100여 가지나 되어 선택의 폭이 매우 넓은 것이 큰 특징이다.

● 런던 코벤트 가든^{Covent Garden}의 위터드 앤 첼시 매장에 있는 티 룸.

1984년 설립된 '클리퍼Clipper'는 공정무역과 유기농 홍차로 일찍부터 주목을 받은 브랜드이며, 최고 품질의 홍차로도 유명하다.

영국 동인도 회사의 상표, 문장을 계승하여 1987년에 설립된 '동인도회사East India Company'는 남성들에게도 인기가 높은 홍차 브랜드이다. 현대풍이면서도 안정감을 주는 매장의 전시는 비즈니즈 거리의 분위기에도 매우 잘 어울린다.

● 영국 티 업체 '동인도회사'에서 생산하는, '보스턴 티 사건'을 주제로 한 티 블렌드.

제3장 홍차를 우리는 기본 방식

- 오스트리아

오스트리아의 오래된 브랜드인 '뎀메르스 테하우스$^{Demmers\ Teehaus}$'는 1981년에 빈에서 설립되었다. 전통적인 홍차, 플레이버드 티 분야에서 명성을 날려 왔다. 수많은 일류 호텔, 홍차 전문점, 고급 식품 백화점에서 큰 사랑을 받고 있다.

● 뎀메르스 테하우스의 홍차 매장에는 합스부르크가와 연관된 인기 티 블렌드도 있다.

- 독일

홍차 소비 대국인 독일에서 1823년에 설립된 '로네펠트^{ronnefeld}'는 탁월한 블렌딩 기술로 전 세계의 유명 인사들을 매료시켜 7성급 호텔에 납품되고 있으며, 국제적으로도 그 명성이 매우 높다.

● 산지별, 다원별로 많은 노력을 기울이고 있는 로네펠트 브랜드.

홍차 속의 인문학

∽ 홍차의 성분과 효능 ∾

홍차는 일상생활 가운데 힐링과 즐거움을 가져다주지만, 인체에 이로운 다양한 성분이 함유되어 있는 건강 음료로도 큰 주목을 받고 있다. 홍차의 찻잎에는 카테킨^{catechin}의 한 성분인 '타닌^{tannin}', 테아닌^{theanine}, 카페인, 비타민, 당, 식이섬유, 미네랄 등이 함유되어 있어 다양한 효능이 있다. 서양에 티가 '동양의 신비스러운 약'으로 소개될 당시에는 약효에 대한 근거도 없는 광고 문구들이 상당히 나돌았지만, 오늘날에는 그 내용들이 과학적으로 입증되고 있다. 여기서는 그 대표적인 성분들을 소개한다.

● 카테킨(catechin)

카테킨은 폴리페놀의 일종으로 녹차에서 떫은맛을 내는 성분이다. 카테킨의 어원은 학명이 아카키아 카테추$^{Acacia\ catechu}$인 인도산 콩과 식물의 수액에서 채취하는 '카테큐^{catechu}'에서 유래한다. 찻잎의 산화 과정에 의해 카테킨은 화학 반응을 일으켜 타닌의 성질을 띤다. 홍차의 타닌에서 85%는 카테킨류의 화학 구조를 가져 '카테킨'은 곧 '타닌'으로 해석되는 경우도 많다. 타닌은 원래 '가죽을 다루다'는 뜻의 영어 '탠^{tan}'에서 유래하였는데, 가죽을 무두질하는 작용이 있는 식물성 성분에 붙여졌던 명칭일 뿐 실제로 타닌의 정의에 부합하는 화학 구조상의 분류명은 없다. 그러나 식품이나 홍차의 분야에서는 일반적으로 쓴맛과 떫은맛을 내는 성분의 이름으로 사용된다. 떫은맛 이외에도 티의 특성, 찻빛, 향에 큰 영향을 주는 중요한 성분이다.

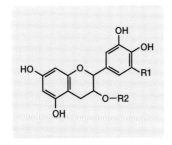

● 티의 성분인 카테킨의 화학 구조.　　● 테아플라빈의 화학 구조.

카테킨은 화학 구조가 변하기 쉽고, 주위에 있는 단백질이나 설탕 등 여러 종류의 물질과도 쉽게 결합하여 산화 중합물인 테아플라빈theaflavine, 테아루비긴thearubigin이라는 색소 성분으로 변화한다. 이 과정에서 본래 무색인 카테킨이 오렌지나 붉은색으로 변화하면서 홍차의 찻빛이 홍색을 띠는 것이다.

카테킨은 항산화성이 매우 강하고, 혈중 콜레스테롤 수치를 낮춰 노화를 방지하고 암을 예방하는 효능이 있다. 또한 항균 효능과 더불어 감기와 식중독, 그리고 충치를 예방하는 효능도 있다.

- 카페인(caffeine)

카페인은 커피와 홍차에 모두 들어 있으며, 홍차에 쓴맛과 깊은 바디감을 준다. 사실 홍차의 찻잎에는 커피의 약 2~3배에 해당하는 양의 카페인이 들어 있다. 다만, 우려낸 찻잔 한 잔에 들어 있는 카페인의 함유량은 정반대이다. 한 잔의 찻잔에 카페인이 홍차의 경우에는 28~44mg, 커피의 경우에는

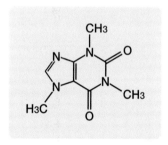

● 카페인의 화학 구조.

60~180mg이 들어 있다. 결국 커피가 홍차보다 2~4배나 더 많은 카페인을 함유하는 것이다. 더욱이 홍차의 경우에는 카테킨류와 아미노산이 결합하여 카페인의 작용이 매우 느리기 때문에 커피보다 위에 대한 자극성이 덜하다.

카페인의 각성 작용은 졸음을 방지하고, 지적 작업 능력을 향상시키며, 운동 능력을 향상시키는 효능이 있다. 이뇨 작용도 수분 대사를 높이는 데 큰 도움을 준다. 그리고 간의 해독 작용도 활발히 하는 효능도 있다. 간의 해독 작용이 정상이면, 피로도 빨리 풀리고, 숙취도 빨래 해소된다. 또한 카페인을 섭취한 뒤 운동을 적당히 하면, 근육 활동에 포도당보다도 앞서 지방을 에너지원으로 활용하는 현상도 일어난다. 따라서 근지구력의 향상에 도움을 주어 스포츠 선수들에게 스페셜 음료로도 큰 주목을 받고 있다.

카페인은 온도가 높을수록 우러나오는 양이 증가하여, 뜨거운 물을 사용하는 홍차는 카페인이 갖는 효용을 최대한으로 발휘할 수 있는 것이다.

• 테아닌(theanine)

테아닌은 홍차에서 감칠맛, 단맛을 내는 아미노산의 일종이다. 홍차에 함유되어 있는 아미노산의 거의 절반을 차지하며, 카페인의 작용을 억제하는 기능이 있다. 그에 따라 홍차가 갖는 흥분 작용은 극히 미미하다고 할 수 있다. 테아닌은 화학 구조식이 매우 간단하여 햇빛을 받으면 찻잎 내에서 화학적 변화가 일어나 그

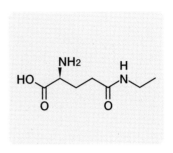

● 테아닌의 화학 구조.

함유량이 줄거나, 아니면 카테킨이나 다른 화학 물질로 변화한다. 이 같은 이유로 감칠맛을 중히 여기는 교쿠로玉露 등은 찻잎을 가리개로 가려 그늘에서 재배해야 한다.

• 플루오린(fluorine)

불소라고도 하는 플루오린은 물이 뜨거울수록 많이 우러나오는 성질이 있어 티의 여러 종류 중에서도 특히 홍차를 우릴 때 많이 우러나온다. 홍차의 플루오린 함유량은 우롱차의 약 2배, 녹차의 약 3배 정도 된다. 또한 티를 우릴 때 플루오린이 우러나오는 비율은 우려내는 방법에 따라 차이가 있겠지만, 온도 100도의 물에서는 함유량의 약 60~70%가 우러나온다고 한다. 치아의 표면에 항산성 피막을 형싱하여 충치를 예방하는 데에도 큰 효능이 있다.

• 비타민 B군

홍차에는 피부병과 구내염 등을 예방하는 니아신niacin, 비타민 B1, 비타민 B2 등의 다양한 비타민 B군이 들어 있다. 모로헤이야Moroheiya나 시금치보나 비타민 B가 4배 정도 더 많이 들어 있다고 한다.

• 사포닌(saponin)

사포닌은 대부분의 찻잎에 함유되어 있는 성분인데, 맛차 등에서는 거품을 생성시키는 특징이 있다. 찻잎에 0.1% 정도 함유되어 있으며, 강한 쓴맛과 아린 맛을 낸다. 카테킨의 작용을 보강하고, 항염증, 항알레르기, 혈압 강하, 비만 예방, 항인플루엔자 등의 효능이 있는 것으로 입증되었다. 중국에서는 항암 효능도 있는 것으로 평가되고 있다.

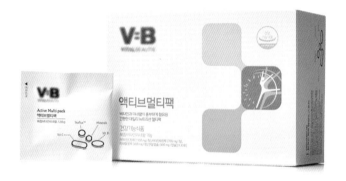

● 티의 성분들은 오늘날 다양한 기능성 제품들의 원료로 사용되고 있다.

❧ 홍차와 음식의 페어링 ❧

음식에 음료를 맞춰 입안에 산뜻한 느낌을 주면서 동시에 음식의 맛을 높이는 작업을 '페어링pairing'이라고 한다. 페어링은 프랑스에서는 '마리아주mariage'라 표현한다. 이는 음식과 음료의 환상적인 조화를 뜻하는 용어이다.

섬세한 음식에 맛이 강하고 향이 진한 홍차를 페어링하면, 음식의 기름기는 제거할 수 있지만 음식 본래의 맛도 사라지게 할 수 있다. 그러나 페어링에서는 맛과 향을 조화시키고, 음식과 음료의 양쪽을 잘 어울리게 하여 새로운 미감을 살리는 일이 무엇보다도 중요하다. 섬세한 밥을 먹을 경우에는 장국보다 맑은 국을, 고기 요리를 먹을 경우에는 소금으로 간을 맞춘 맑은 수프와 함께 내는 일과 같이 식탁에서 일반적으로 하는 일이 티타임에서도 고스란히 적용된다.

● 양과자가 아니라 음식에 홍차를 맞추는 나라도 있다.

페어링의 순서

먼저 페어링의 기본적인 순서를 알아보자. '음식'과 '홍차'를 따로따로 고르는 것이 아니라, 선택한 음식을 돋보이도록 홍차를 선택하는 일이 무엇보다도 중요하다.

① 페어링의 중점에 맞춘다

'달달한 초콜릿을 선물로 받았으니, 홍차는 무엇으로 정할까', '신맛이 나는 레몬 타르트를 먹는 데 홍차는 어떻게 할까'와 같이 음식에 맞춰 홍차를 선택해 본다. 반대로 홍차에 맞춰 음식을 선택해 보는 것도 좋다. '신차 우바의 맛이 돋보이도록 하려면 어떤 케이크를 준비해야 할까', '친구에게 아삼 티의 맛을 전해야겠는데, 어떤 음식을 준비하는 것이 좋을까' 등이다.

② 준비 방식을 결정한다

홍차를 우리는 방식과 온도를 확인한다. 아이스티보다 뜨거운 홍차는 지방을 씻겨 내는 효과가 있어 입안에 산뜻한 맛을 줄 수 있다. 입안에 맞추는 경우는 40~50도 정도로 미지근한 홍차가 맞는 경우도 많다. 또 맞추는 음식과 우유의 페어링도 검토해 보자.

③ 음식물의 단맛을 고려한다

단맛이 강한 음식에 단맛이 강한 홍차는 맞지 않다. 반대로 음식에 단맛이 없는 경우에는 홍차에 약간의 단맛을 가해 균형을 맞추어야 한다.

④ 음식물의 신맛을 고려한다

다음에는 신맛과 떫은맛의 페어링에 대해 알아본다. 입안이 시큼할 정도로 신맛이 나는 음식과 떫은맛이 강한 홍차의 페어링에 대하여 상상해 보자. 떫은맛이 적은 홍차의 산지를 알아 두는 것도 페어링을 하는 데 큰 도움이 된다.

⑤ 음식물의 기름기를 고려한다

홍차의 주성분 중 하나인 '타닌'. 타닌은 지방과 기름을 분해하는 기능이 있다. 생크림, 버터 등의 유제품, 고기와 생선의 지방분, 식물성 기름 성분을 제거하여 동맥경화증을 예방하는 것으로도 유명하다. 이 타닌은 입안을 식사 전의 상태로 되돌려 주는 기능이 있어, 음식의 첫맛을 계속해서 느낄 수 있도록 해 준다. 지방과 기름기가 잘 제거되지 않고 입안에 남아 있으면, '느끼한 맛'이 나 결국 음식을 다 먹지 못하거나 음식의 맛을 크게 떨어뜨린다.

⑥ 음식의 향미를 고려한다

홍차의 향으로 음식 본래의 향미를 훼손하지 않도록 한다. 베르가모트 향이 나는 얼 그레이를 딸기 케이크와 페어링하면, 딸기 향보다 감귤계의 향이 입안에 남는다. 훈연향이 나는 정산소종과 케이크를 페어링하면, 생크림의 부드러운 향을 정산소종이 없애 버린다.

페어링의 비결

페어링에서 가장 중요한 비결은 서로 맞추는 음식과 음료에 관하여 풍부한 지식을 갖추는 일이다. 먹어 본 적이 없는 음식과 마셔 본 적이 없는 음료를 페어링하는 일은 서로 만나 본 적이 없는 초면의 사람들을 강제로 같은 방에 가두는 일과도 같다.

페어링을 훌륭하게 잘 하려면 꼭 필요한 것이 각 산지에서 생산되는 홍차의 향미를 잘 아는 일이다. 깔끔하고 산뜻한 종류의 홍차와 향이 달고 진하여 독특한 맛의 홍차 등 각 산지에서 생산되는 홍차의 특징들을 잘 알아 두어야 한다.

와인의 세계에서 소믈리에는 '레스토랑에서 손님의 요청을 받아 와인을 잘 선택해 주는 와인 전문가'이다.

풍부한 지식을 갖추고 음료를 다룰 수 있을 뿐 아니라, 손님에게 '음식', '계절', '몸 상태', '모임의 의미' 등을 종합적으로 고려하여 최적의 한 잔을 권해 주는 일은 홍차의 세계에서도 마찬가지로 중요하다.

치즈 케이크에 맞는 홍차, 쇼트 브레드에 맞는 홍차, 젤리에 맞는 홍차와 생일 축하 잔치에 어울리는 홍차, 맞선에 맞는 홍차, 함께 마시는 사람의 웃는 얼굴을 떠올리며 최고의 페어링을 연출해 보길 바란다.

여기서는 홍차와 음식을 페어링하는 사례를 인도 홍차를 기준으로 소개한다. 인도 홍차는 고산지와 저산지에 따르는 차나무의 재배 환경, 시넨시스 품종과 아사미카 품종의 차이에 따라 각 산지에서 생산되는데, 그 맛과 향은 각기 개성을 지니고 있다. 다양하고 풍부한 향미의 홍차를 보다 더 맛있게 즐기려면, 음식과의 페어링을 생각하는 일이 무엇보다도 중요하다.

인도 홍차와 음식과의 페어링 도표

	다르질링 퍼스트	다르질링 세컨드	닐기리	아삼	아삼 밀크 티
생크림	△	○	○	○	◎
커스터드	△	◎	○	○	◎
팥빵	◎	○	△	○	◎
초콜릿	×	○	△	◎	◎
과일	×	○	◎	×	×
양주	×	△	○	○	◎
치즈	×	△	○	○	◎

❧ 홍차와 설탕 ❧

티타임을 화려하게 장식해 온 설탕은 티와 함께 동양에서 서양으로 전해진 것이다. 당시에는 설탕이 매우 고가였던 탓에 일반적인 식자재와는 별도로 은그릇과 식기, 그리고 티와 함께 별실에 보관되었다. 물론 잠금 장치가 있는 방이었다. 집이 그리 크지 않은 경우에 설탕은 접대용으로 내는 티와 함께 자물쇠가 달린 캐디박스 내에 보관되었다.

손님이 방문하면 설탕을 슈거 볼에 담아 티 룸으로 가져 나왔다. 고가의 수입품이었던 설탕을 티 테이블에 내놓았다는 사실을 과시하기 위해 슈거 볼의 뚜껑을 의도적으로 닫지 않는 풍습도 생겼다. 안주인은 손님에게 설탕의 양과 취향을 묻고, 손님은 그 양만큼 자신의 찻잔에 설탕을 넣었다. 값비싼 설탕을 제공하는 일은 안주인이 도맡아 하는 일이라는 사회적인 인식도 있었다.

설탕은 오래전부터 사탕수수만으로 오직 만들 수 있다고 인식되었지만, 19세기에 이르러 또 다른 식물로부터 설탕을 만들 수 있다는 사실도 알게 되었다. 그 식물은 바로 사탕무였다. 이 사탕무를 원료로 만든 설탕은 '첨채당 甛菜糖'이라고 한다.

사탕무의 재배에 일찍부터 깊은 관심을 보였던 프랑스의 황제는 나폴레옹 1 세Napoléon I, 1769~1821였다. 서양의 여러 나라들과 미국 등에서도 앞을 다투어 사탕무의 재배와 품종 개량에 나서면서, 19세기 말에 이르러서는 설탕 생산량의 약 70%를 첨채당이 차지하였다. 이러한 첨채당의 등장으로 설탕의 가격이 떨어지면서 일반 사람들도 설탕을 손쉽게 구해 사용할 수 있었다.

설탕이 넘쳐나고 있어 특별할 것도 없는 오늘날에는 홍차와 설탕을 페어링하는 사람이 의외로 적다. 그러나 홍차와 설탕의 조화를 아는 일은 설탕을 원료로 만든 과자와 홍차의 페어링과도 이어지기 때문에 설탕의 특징을 알아 두면 티를 즐기는 데 큰 도움이 된다.

● 인도의 슈퍼마켓에서 설탕을 판매하고 있는 매장.

• 그래뉴당(정제 설탕)

그래뉴당^{Granulated Sugar}은 싸라기당의 순수한 결정체이다. 순도 99.8% 이상으로 질감이 상당히 사각사각하다. 홍차의 찻빛을 더욱더 돋보이도록 하는 특징이 있고, 맛이 담백하고 무난하여 향을 즐기는 스트레이트 티에 넣는 데 최적이다. 대부분의 티와도 페어링을 잘 이루어 티 숍 등에서 많이 제공된다.

• 백설탕

우리 주위에서 가장 흔히 볼 수 있는 설탕이다. 질감은 촉촉하면서도 부드러운 것이 특징이다. 그래뉴당에 비하여 단맛이 강하여 홍차에 넣으면 깔끔한 맛이 줄어들고 찻빛도 탁해진다. 감칠맛과 단맛이 있는 아삼 티나 캔디 티와 페어링이 좋다.

• 흑설탕

흑설탕은 사탕수수에서 추출한 수액을 그대로 끓여 굳힌 것이다. 흑갈색을 띤 함밀당^{含蜜糖}(설탕과 당밀을 굳혀 만든 제품의 총칭)으로 매우 진한 단맛과 풍미가 있다. 싸라기당의 순도가 75% 정도밖에 되지 않아 단맛이 다른 설탕보다

홍차 속의 인문학

는 덜하다. 찻빛을 거무스레하도록 만들기 때문에 밀크 티를 만들 때나 사용하는 것이 좋다. 미묘한 향미를 즐길 수 있는 중국 티와는 페어링이 잘 맞지 않다.

• 삼온당

삼온당三溫糖은 결정을 제거한 당밀을 세 차례나 가열하여 정제한 흑설탕이다. 연한 갈색을 띠는 작은 결정체로 진한 단맛과 캐러멜 맛을 낸다. 향미가 개성이 있어 섬세한 향미의 홍차에 사용하기보다는 홍차에 감칠맛을 내고 싶을 때 사용할 것을 권한다.

• 와삼본

와삼본和三盆은 일본에서 전통적인 방식으로 생산되는 담황색의 고급 설탕이다. 결정체의 크기는 대단히 가늘고 향미는 매우 섬세하다. 일본 전통 과자의 원료로 주로 사용된다. 맛이 담백하고 순한 것이 큰 특징이다. 시넨시스 품종의 찻잎으로 생산된 다르질링 티, 스리랑카의 누와라엘리야 티 등 녹차에 가까운 향미를 간직한 홍차와 페어링하면 향미를 배가할 수 있다.

• 종려당

종려당棕櫚糖 또는 팜 슈거palm sugar는 동남아시아에서 종려나뭇과의 야자나무에서 뽑은 수액을 끓여서 만든 설탕이다. 단맛이 매우 은은하여 밀크 티에 넣으면 감칠맛을 증폭할 수 있다. 홍차 생산국인 인도네시아와 말레이시아에서 많이 사용된다.

• 단풍당maple sugar

단풍당丹楓糖 또는 메이플 슈거maple sugar는 북아메리카가 원산지인 사탕단풍의 수액을 약 40분의 1까지 졸여서 만든 시럽을 다시 가루 상태로 만든 것이다. 향이 나면서 강한 맛이 있어 아삼 티나 루후나 티를 베이스로 하는 밀크 티에 사용하는 것이 좋다.

● 제일 위 정중앙부터 시계 방향으로 그래뉴당, 백설탕, 흑설탕, 삼온당, 와삼본, 종려당, 단풍당.

홍차 속의 인문학

⚜ 홍차와 물의 관계 ⚜

홍차의 찻빛, 향, 맛을 두드러지게 하는 가장 중요한 요소는 물이다. 홍차를 맛있게 우리기 위해서는 어떤 물을 사용하는 것이 좋을까?

물은 물질 성분들을 매우 잘 용해시키는 액체이다. 하나의 성분이 용해되면, 그 용해도가 더욱더 증가하여 다른 성분들을 연이어 용해하는 성질이 있다. 이 용해도에 의해 같은 물이라도 지구상의 모든 장소에 있는 물이 각각의 성질도, 성분도 다른 물이 된다. 한국이나 일본의 물은 대부분이 연수軟水(단물)이고, 유럽과 북아메리카의 물은 대부분이 경수硬水(센물)이다. 땅속으로 스며든 빗물이 지층 속의 미네랄 성분들을 용해하는 정도에 따라 그 물의 경도硬度도 달라진다. 한국이나 일본은 국토 면적이 좁고 지층으로 물이 침투하는 시간이 짧은 반면에, 유럽이나 북아메라카 대륙에서는 지층으로 물이 침투하는 시간이 길다. 이것이 각각 연수와 경수를 띠도록 하는 요인이다. 그리고 이 경수와 연수를 판가름하는 지표가 바로 '경도'이다. 경도는 물 1L 속에 들어 있는 칼슘과 마그네슘의 양을 합산하여 수치화한 것으로, 이 수치가 높으면 경수(센물), 낮으면 연수(단물)라 한다. 세계보건기구(WHO)는 경도 120 이상을 '경수', 120 이하를 '연수'라고 규정한다. 한국이나 일본은 일반적으로 경도 100 미만을 연수, 그 이상의 물을 경수라고 정하고 있다. 다만, 최근에는 미네랄워터의 소비가 증가하고 다양한 경도의 물이 판매되고 있어, 같은 경수라도 경도 100~300 정도의 물은 '중경수中硬水'라고 특별히 구분하고 있다.

한국은 서울을 기준으로 수돗물이 경도 60, 제주 삼다수는 경도 17~19로 모두 연수이다. 일본은 대부분의 지역이 경도 50~70으로 연수이며, 홋카이도 일부 지역은 경도 30 이하의 초연수이다. 단 오키나와만큼은 산호초로 둘러싸여 있어 경도 200 전후의 경수이다. 반대로 서양은 대부분의 나라들이 경수이다. '홍차의 나라'인 영국 런던의 수돗물은 경노 250~300의 경수이지만, 런던에서 북상할수록 경도는 점점 더 낮아진다. 더욱이 스코틀랜드의 물은 경도 100 전후의 연수이다. 이때는 물이 런던의 물보다는 순하다는 뜻으로 '연수'로 표현하기도 한다.

경도가 다르면, 같은 홍차라도 우려낼 경우에 맛과 향에 큰 차이가 생긴다. 예를 들면, 동일한 홍차를 한국과 영국에서 우려내면 그 맛과 향이 크게 달라진다. 물의 특성은 같은 나라라도 지역에 따라서 다양하다는 것을 고려하여 19세기부터 서양에서는 물의 성질을 고려하여 나라별, 지역별로 홍차를 블렌딩하는 기술이 크게 발전하였다. 오늘날 영국에서도 같은 홍차 브랜드이지만, 경수용 홍차, 연수용 홍차 등 지역의 물 특성에 맞춰 다수의 티 블렌드를 생산하고 있다.

이와 같이 홍차의 맛과 향은 경도에 따라 변화하는데, 연수로 홍차를 우리면 전반적으로 찻빛은 맑아지고 향과 떫은맛은 강해진다. 반면 경수로 홍차를 우리면 찻빛은 진해지고 향은 약해진다. 단 감칠맛은 약간 더 두드러진다.

산지별 티의 특징과 물의 관계에 간략히 소개하면, 다르질링과 우바 등의 찻빛과 향을 중요시하고 싶은 홍차에는 연수가 적합하고, 케냐나 아삼 등의 홍차에는 경수가 감칠맛을 일으켜 더 적합하다. 특히 이 경우에는 밀크 티로 만들면 맛이 깊고 균형미가 있다.

또한 얼 그레이 등의 플레이버드 티나 정산소종과 같은 훈연향이 강한 홍차에는 경수를 사용하면, 진한 향이나 강한 맛이 부드러워져 훨씬 더 마시기 쉽다. 다만 현지에서 향미를 매우 좋게 느낀 홍차라도 다른 지역의 물로 우려내면 향미가 강해지거나 약해질 수 있다는 사실을 항상 염두에 두어야 한다.

오늘날 우리 주위에서는 다양한 경도의 물을 구할 수 있기 때문에 떫은맛을 좋아하지 않거나 아름다운 찻빛을 즐기고 싶을 경우에는 연수로 우려낼 수 있다. 그 밖에도 각자 취향에 맞게 물을 바꿔 사용해 보는 것도 좋다.

홍차와 물에 대한 관심은 서양에서도 해마다 점점 더 늘고 있다. 특히 다르질링 티의 소비량이 늘고 있는 독일에서는 물의 경도를 낮춰 주는 용도의 필터들이 시중에 다양하게 판매되고 있다. 찻주전자 속에 필터를 넣어 물을 끓이면 마그네슘과 칼슘이 필터에 부착, 제거되어

● 경수를 연수로 바꾸어 주는 티 클리어 필터. 필터를 물과 함께 찻주전자에 넣어 그냥 끓이면 된다.

끓인 물이 연수로 변하는 것이다. 독일에서는 인기가 높아 홍차 전문점에서 많이 판매된다. 최근에는 영국의 홍차 전문점에서도 이와 같은 필터가 판매되고 있다. 소비자들이 '홍차를 보다 더 맛있게 즐기고 싶다'는 욕구가 더욱더 강화되는 추세이다.

● 세계 각국의 미네랄워터. 물의 특징을 알고 사용해 보는 것도 큰 즐거움이다. 왼쪽부터 네레아(경도 148), 콩트레(경도 1468), 천연수(경도 19), 에비앙(경도 304), 볼빅(경도 66), 남알프스의 천연수(경도 30), 하일랜드 스프링(경도 142). 경도는 검사 시기에 따라 달라질 수도 있다.

제 4 장

❖ ❖ ❖

명작 속의 티타임

❖ ❖ ❖

홍차는 사람들의 생활 속에서 절대로 빠질 수 없는 음료이다. 전 세계에서 사랑을 받고 있는 문학, 영화, 그림 속에서도 홍차를 중요한 모티브로 한 작품들이 많다. 티타임에 주목하여 평상시와는 다른 시점으로 작품들을 즐겨 보길 바란다.

◦❥ 문학과 영화로 즐기는 홍차 ❦◦

홍차는 어린아이에서부터 어른에 이르기까지 모두가 함께 즐기는 음료이다. 또 티타임은 일상생활과도 매우 밀접한 관련이 있다.

따라서 홍차를 마시는 장면은 문학과 영화 속에서도 매우 자주 등장한다. 어떤 장면에서 어떤 의도로 그려진 티타임인지를 그 역사적인 배경과 함께 그 나라의 문화와 비교하여 즐겨 보면 새로운 감동을 불러일으킬 작품들도 많을 것이다.

• 매디슨 카운티의 다리

원제 : The Bridges Of Madison County(1995)
장르 : 영화 / 감독 : 클린트 이스트우드(Clint Eastwood, 1930~)

미국에서 뜨거운 티를 마시는 습관은 티에 대한 과도한 과세로 촉발된 독립 전쟁이 끝난 뒤에 완전히 사라졌다. 그러나 20세기에 들어서 티백과 아이스 티의 보급이 다시 확산되었다. 1930년대 금주법 시대에 맥주 대신에 일상 음료로 큰 주목을 받은 아이스티는 일약 국민적인 스타 음료로 떠올랐고, 보다 더 빨리 우려낼 수 있는 인스턴트 티도 등장하였다.

로버트 제임스 월러^{Robert James Waller, 1939~}가 1992년에 출간한 베스트셀러 소설로서 1995년에 영화로 개봉된 「매디슨 카운티의 다리」는 1960년대의 미국이 무대이다.

남편과 자식들이 가축 품평회가 있어 시내로 나간 사이, 며칠간 혼자 있게 된 주인공 프란체스카^{Francesca}. 운명적인 사랑인 로버트 킨케이드^{Robert Kincaid}와 만나는 상년이 나올 때, 그녀가 손에 들고 있었던 것은 아이스티. 집안일 도중에 한숨을 돌릴 수 있도록 큰 피처에 아이스티를 담아 우드데크에 들고 들어온 그녀에게 로버트가 '지붕 달린 다리'로 가는 길을 묻는 것이 두 사람의 첫 만남이다.

● 전 세계적으로 큰 인기를 끌었던「매디슨 카운티의 다리」. 이미 본 사람도 홍차에 주목하여 다시 한 번 감상해 보길 권해 본다.

다리까지 길을 안내하고 로버트의 승용차로 집으로 돌아온 프란체스카. 평상시라면 여기서 헤어지는 것이 상식이다. 자동차에서 내린 프란체스카는 운전석으로 다가가 로버트를 유혹하고 만다. '아이스티 한 잔 드시고 가지 않겠어요?'라고 던지는 말에 그냥 넘어가는 로버트. 프란체스카의 고조된 기분과 아이스티의 일상적인 음료가 극적인 대비를 이루는 완벽한 연출!

이미 만들어 놓은 아이스티에 그래뉴당을 다시 넣고 머들러로 휘저으며 레몬을 첨가하고…… 대접하는 가운데 자연스럽게 등장하는 홍차가 매우 인상적이다.

원작 소설에서는 '아이스티', '뜨거운 커피', '맥주', '브랜디', '콜라' 등 여러 종류의 음료가 등장한다. 역시 다양한 이민족들로 구성된 미국다운 설정이 아닐 수 없다.

홍차 속의 인문학

• 마이 페어 레이디

원제 : My Fair Lady(1964)

장르 : 영화 / 감독 : 조지 큐커(George Dewey Cukor, 1899~1983)

「마이 페어 레이디」는 1964년에 개봉된 영화다. 주인공 일라이자 둘리틀 ^{Eliza Doolittle}은 초등교육도 받지 못한 가난한 꽃팔이 부랑 소녀. 그런 일라이자 와 예기치 못한 곳에서 만난 언어학자 헨리 히긴스^{Henry Higgins}. 히긴스는 꽃팔 이 소녀 일라이자에게 상류 계층의 예절 화법을 교육시켜 우아한 숙녀로 탈 바꿈시키는 것이 가능한지에 대한 실험에 불타오른다. 처음에는 싫어하던 일라이자도 점차 신경을 쓰면서 기묘한 콤비는 부랑 소녀를 필사적으로 어 린 숙녀로 만들어 나간다.

● 인테리어나 여성 패션도 즐겨 볼 수 있는 「마이 페어 레이디」. 홍차를 권하는 장면을 주목해 보길 바란다.

실험의 성과를 확인해 보려고 히긴스는 마침 모친이 특별석을 갖고 있어 일라이자와 함께 상류 계층의 사교장인 애스콧 경마장으로 들어간다. 그러나 급작스럽게 숙녀 교육을 받아 일라이자의 첫 사교계 데뷔는 엉망진창이 된다.

일라이자는 품위 있는 화법을 몸에 익혔지만, 실제로 성격은 꽃팔이 부랑소녀 그대로였던 것이다. 사교장에서 영국인답게 날씨에 대한 것만 대화를 나누겠다고 히긴스와의 약속도 있었지만, 사람과 소통하기를 원하였고 호기심도 많았던 일라이자는 히긴스와의 약속을 깨고 손님들과 마음 내키는 대로 대화를 나눈다. 그 결과, 히긴스의 모자는 일라이자로 인해 큰 창피를 당하는데.

애스콧 경마장에서의 실패로부터 6주간의 지옥과도 같은 특별 훈련 끝에 일라이자가 다시 데뷔하는 날이 다가온다. 장소는 대사관 무도회. 히긴스의 걱정과 함께 일라이자는 황태자로부터 댄스 파트너로 지명을 받는 쾌거를 올린다. 꽃팔이 부랑 소녀에서 숙녀로 드디어 변신을 이룬 일라이자.

그러나 남자들의 반응은 실험의 성공을 즐거워할 뿐이었다. 일라이자는 자신이 실험의 대상이었다는 사실에 큰 충격을 받고 상처를 입는다. 실험 과정에서 숙녀로서의 자아와 자긍심이 일라이자에게 싹트고 있었던 것이다. 자신도 모르게 히긴스에게 사랑을 싹 틔우고 있던 일라이자는 큰 슬픔에 잠겨 집을 나간다.

일라이자가 집을 나가 찾아 간 곳은 히긴스 모친의 집. 모친과 한창 대화를 나누고 있는 도중에 가출한 일라이자를 찾아 나선 히긴스가 성난 소리를 내며 들이닥친다. 격노한 히긴스에게 일라이자는 숙녀로서 끝까지 감정을 흐트러지 않고, "밀크 티 한 잔 하실래요?"라며 우아한 말을 건넨다.

로열 코펜하겐의 아름다운 찻잔 세트, 상류층의 예절답게 우유는 나중에 넣는다. 전반의 티타임과 비교하면, 일라이자의 성장세를 엿볼 수 있는 명장면이다.

● 곰돌이 푸

원제 : Winnie the pooh(1926)

장르 : 동화 / 저자 : 앨런 알렉산더 밀른(Alan Alexander Milne, 1882~1956)

영국의 아동 문학 작가 A. A. 밀른이 1926년에 발표한 『곰돌이 푸』. 꿀을 무척 좋아하는 곰 주인공 '푸pooh'는 어느 날 아침 식사로 벌꿀을 먹으려 하지만, 항아리는 모두 비어 있다. 푸는 벌꿀을 따기 위해 나무에 오르려고 하지만 실패한다. 다음에는 풍선을 사용하여 다시 도전하지만, 이 역시도 실패하고 벌에 쫓겨나기에 이른다.

곤경에 처한 푸는 완벽주의자 성격인 래빗Rabbit의 집을 찾아간다. 왜냐하면 래빗은 항상 푸에게 '점심이라도 먹고 가지 그래?'라고 물어 봐 주는, 그야말로 푸에게는 구세주와도 같은 존재이기 때문이다. 동화 속에서 래빗은 영국 신사로 그려져 있다. 영국에서는 손님이 찾아오면 먹고 남을 정도로 음식을

● 영국인다운 고집이 잔뜩 들어 있는 『곰돌이 푸』에는 티타임의 장면도 그려져 있다.

많이 내놓는 것이 에티켓이다. 또한 특별한 볼일이 없다면, 방문하겠다는 손님을 거절하지 않는 것이 대단히 중요한 에티켓이다. 항상 손님을 초청할 수 있을 정도의 음식을 준비하고, 또 언제라도 초대할 수 있도록 청소를 미리 해 두는 일은 가정을 꾸리는 사람의 책무라는 인식도 있다.

일부 영화에서는 푸가 점심을 먹으러 래빗의 집에 가는 것으로 설정되어 있지만, 원작에서는 11시에 간단히 즐기는 티타임인 '일레븐시즈Elevenses'로 그려져 있다. 푸의 '배 시계'는 10시 55분으로 고정되어 있고, 배는 항상 고프다고 한다.

그런 푸가 11시에 래빗의 집을 찾아가는데, 예상대로 래빗은 홍차를 마시고 있다. 래빗은 신사도에 맞게 푸를 맞아들여 홍차를 권한다. 그러나 푸는 '홍차보다도 벌꿀을…'이라며, 뻔뻔스럽게 요구하여 벌꿀을 잔뜩 얻어먹는다. 차려놓은 것만으로는 부족하여 연이어 더 먹은 뒤에도 래빗의 집에 있는 벌꿀을 몽땅 먹어 버린다.

벌꿀을 몽땅 먹어 버린 푸는 자리에서 일어나 돌아가려 하지만, 너무 많이 먹은 탓에 몸이 불어 래빗의 집 현관에 엉덩이가 끼어 나갈 수 없게 된다. 당황한 래빗이 주위에 도움을 요청하지만, 모두가 잡아당겨도 푸의 엉덩이는 빠지지 않는다. 결국 푸는 일주일 정도 단식하기에 이른다.

래빗은 보기 흉한 푸의 엉덩이가 실내 인테리어에 어울리지 않는다고 생각하여, 푸의 엉덩이에 테이블클로스를 덮어 꽃병으로 장식하거나 사슴 장식물로 비기는 등 이모저모로 궁리한다. 집을 중요시하는 영국인의 일상생활을 엿볼 수 있는 한 장면이다.

• 내니 맥피-우리 유모는 마법사

원제 : Nanny McPhee(2005)

장르 : 영화 / 감독 : 커크 존스(Kirk Jones, 1964~)

2005년에 개봉된 영화, 「내니 맥피-우리 유모는 마법사」에서도 티타임의 장면이 많이 등장한다. 무대는 1860년대 빅토리아 왕조 시대의 영국. 한 집 안을 도맡아 챙겼던 부인을 여읜 세드릭 브라운$^{Cedric\ Brown}$. 그는 7명의 어린 자녀들과 마음이 잘 통하지 않는다. 항상 일에 바쁜 브라운이 자녀들을 위해 어머니를 대신할 유모를 고용하지만, 어린 자녀들은 짓궂은 장난을 멈추지 않고, 고용된 유모들은 계속해서 그만둔다. 결국 17번째 유모도 그만두려는 상황이 전개된다.

● 어린 자녀와 함께 즐길 수 있는 내니 맥피 시리즈. 속편 「내니 맥피 2 : 유모와 마법소동」에서도 홍차를 마시는 장면이 차례로 등장한다.

그러한 브라운의 가정에 한 괴상한 유모가 찾아온다. 그녀의 이름은 다름 아닌 내니 맥피Nanny McPhee. 올망졸망한 주먹코에 2개의 사마귀가 포인트, 입술로 삐죽 나온 이. 더 놀랍게도 그녀는 마법사였던 것. 어린 자녀들은 반발을 계속하면서도 내니 맥피의 매력에 빠져만 간다.

이 가정에는 사실 더 큰 문제가 있었다. 7명의 어린 자녀들을 기르는 브라운이 자신의 벌이만으로는 생활을 유지할 수 없어 유복한 숙모로부터 금전적인 도움을 받고 있었던 것. 그 숙모는 어린 조카들에게 맞는 아내를 구하는 것이 아버지로서 중요한 책임이라며 브라운에게 결혼을 권하고, 한 달 이내 아내를 당장 구하지 않으면 금전적인 지원을 끊겠다고 선언한다. 금전적인 지원이 끊기면, 몇 명의 자녀를 포기할 수밖에 없는 절박한 상황에 봉착한 브라운.

사랑스러운 자녀들과 생활을 함께하기 위해 브라운은 고민한 끝에 부자인 여성에게 청혼을 하리라 결심한다. 자신의 집에서 준비하는 애프터눈 티에 부자인 여성을 초대하기로 하는데.

소중한 손님을 맞이하기에 앞서 깨끗한 옷차림으로 현관 로비에 쭉 늘어선 어린 자녀들은 아버지의 결혼을 막기 위해 합심하기에 이른다. 응접실에 준비된 애프터눈 티의 차림에는 어린 자녀들이 교묘한 장치를 설치하고, 아버지와 맞선을 볼 상대의 여성을 기습한다. 해프닝이 벌어질 때마다 애써 그 상황을 모면하려는 브라운이지만, 사상 최악의 애프터눈 티! 이런 소동 속에서도 청혼은 과연 성공할 것인가? 영화를 다시 한 번 감상해 보길 바란다.

∽ 명화(名畫) 속의 티타임 ∽

서양에서 원래 티를 마시는 문화는 왕족이나 귀족들의 상징이었다. 이런 이유로 티를 즐기는 자신의 모습을 초상화로 그리도록 하는 일은 한층 더 큰 부의 상징으로 삼았다. 이러한 배경 속에서 17세기 이후에는 많은 화가들이 티타임의 광경을 캔버스로 옮겼다.

18세기에 이르러 신문이나 잡지를 비롯하여 소설 등의 인쇄물이 일반 시민들에게도 퍼져 나가면서 삽화 작가의 존재는 큰 주목을 받았다. 한 장의 삽화로부터 그동안 문장만으로는 결코 상상할 수 없었던 인테리어나 의상이나 도구 등 더욱더 생생한 티타임의 광경을 그려 낼 수 있었다.

여기서는 수많은 화가들이 후대에 남긴 명화 중에서도 대중을 상대로 한 그림 몇 작품들을 소개한다. 전 세계의 곳곳에서 그려진 티타임. 홍차가 전 세계적으로 사랑을 받아 온 음료라는 사실을 새삼 다시 느낄 수 있다.

• 윌리엄 호가스

영국의 화가이자 판화가인 윌리엄 호가스^{William Hogarth, 1697~1764}는 풍자화, 초상화, 역사화 등의 다양한 그림을 그렸다. 그의 부친은 교사로 활동하면서 부업으로 당시 유행하였던 커피 하우스를 운영하였는데, 빚만 잔뜩 지고 말아 가족들은 5년간 채무에 허덕였다. 1720년에 부모가 돌아가신 것을 계기로 경제적으로 자립한 호가스는 삽화를 그려 생계를 유지하면서 세인트 마틴즈 레인 아카데미아^{St. Martin's Lane Academia}에서 본격적으로 그림을 배웠다. 그리고 1721년에 처음으로 풍자 판화를 그렸다. 또한 풍자를 주제로 한 몇 장의 유채 연작을 제작해 동판화도 만들어 판매하였다.

1732년에 발표한 여섯 작품의 연작물인 「매춘부의 편력^{A Harlot's Progress}」은 소녀인 몰^{Moll}이 매춘부가 되어 인생이 망가져 가는 과정을 잘 그린 작품으로, 18세기 영국의 비참한 사회 문제를 신랄하게 고발하는 것으로 높이 평가를 받고 있다.

●「매춘부의 편력」. 애인이 방에서 달아날 수 있도록 몰이 티 테이블을 발로 걷어차 버려 비싼 찻잔이 바닥에 떨어져 깨진다(1850년판).

●「매춘부의 편력」. 매춘부로 전락한 몰이 의자를 티 테이블로 사용하고 있는 모습. 오른쪽 너머로는 그녀를 체포하러 온 사람들이 그려져 있다(1850년판).

시골에서 런던으로 상경한 몰은 부유한 유대인 상인의 첩이 되어 당시 고가였던 티를 즐길 수 있는 삶을 살아간다. 그림에서 그려진 마호가니 목재로 만든 티 테이블과 서인도에서 온 소년과 원숭이는 유대인 상인이 영국의 식민지에서 쌓은 부를 상징한다.

그러나 그녀는 젊은 애인과 밀회를 즐기던 중에 유대인 상인에게 들키기에 이른다. 곧바로 상인의 집에서 쫓겨난 몰은 매춘부로 전락하였지만, 그곳에서도 하녀에게 아침부터 티를 시켜 마신다. 그 뒤 몰은 매춘부 단속에 걸려 경찰에 체포되어 감옥에 갇히는데, 설상가상으로 매독에 걸려 비참한 죽음을 맞이한다는 내용이다.

작품 속에서 '티'는 몰이 처한 생활수준을 단적으로 보여 주는 작은 도구이다. 상인의 집에서는 티타임에서 티 포트를 사용하였지만, 매춘부가 된 뒤로는 티타임에서 중국 찻잔이 아닌 일반용 저그를 사용한다. 사용하고 있는 그릇도 손잡이 하나 없는 그냥 티 볼이다.

이 작품은 오늘날 대영박물관에 소장되어 있다. 호가스는 이외에도 「유행에 따른 결혼Marriage à-la-mode」, 「스트로드가의 사람들The Strode Family」의 작품 속에서도 티 문화의 풍경을 그려 넣었다.

• 조지 몰런드

조지 몰런드^{George Morland, 1763~1804}는 조부와 부친이 모두 판화가, 그리고 모친도 그림을 즐기는 집안의 3남으로 런던에서 태어났다. 유아기부터 정밀한 스케치로 주목을 받았고, 10세 때에 이미 왕립미술아카데미에 입학을 허가받았다. 몰런드의 풍경화는 특히 인기가 높은데, 동물의 생동감 있는 묘사로 높은 평가를 받았다.

그러한 몰런드가 1790년에 그린 그림으로는 제목이 「티 가든^{Tea Garden}」이라는 것도 있다. 중산 계층과 노동자 계층에까지 큰 인기가 있었던 티를 자유롭게 마실 수 있는 야외 시설인 티 가든의 한 광경을 그린 작품이다. 작품 속의 무대는 '매릴본^{Marylebone}', '복스홀^{Vauxhall}', '래넬리^{Ranelagh}'와 함께 인기가 높았던 티 가든이다.

● 티 가든은 어른과 어린아이들이 함께 즐길 수 있는 오락시설이었다. 하얀색 드레스를 곱게 차려 입은 부인의 뒤에는 티 포트에 물을 긷는 남성이 그려져 있다(1880년판).

홍차 속의 인문학

작품 속에서 가족들이 사용하고 있는 다기는 블루 & 화이트 볼이다. 어린 아이들도 함께 티를 즐기고 있다. 자그마한 우유 피처에 비하여 슈거 볼은 매우 크고, 당시 사치품이었던 설탕을 거기에 담아 자랑하고 있다.

우아한 분위기를 띤 몰런드의 작품은 해외에서도 높은 평가를 받았는데, 1923년에 출간된 『둘리틀 선생의 우체국Doctor Dolittle's Post Office』에서는 몰런드 자신이 화가로 등장한다. 소설에서 몰런드는 둘리틀 선생이 기르는 개인 지프를 그린 화가로 소개된다. 1984년에 구소련 연방에서 발행된 우표에는 그의 작품인 「폭풍 전Before a Thunderstorm」이 사용되었다.

• 제임스 티소
19세기의 프랑스 화가 제임스 티소James Tissot, 1836~1902는 프랑스 항구 도시에서 옷감을 도매하는 상인의 차남으로 태어났다. 20세에 화가가 되려는 뜻을 세우고 미술학교에 들어가 공부하였다. 23세에 파리 살롱에 첫 작품을 발표해 입선하고, 그 그림을 프랑스 정부에서 높은 가격으로 구입해 주는 행운의 화가로 데뷔하였다.

1870년에 프랑스와 프로이센 왕국 사이에 전쟁이 발발하면서 티소는 파리 포위 전장에 국민 의용군으로 참전하였다. 그 일로 인해 티소는 이듬해에 런던으로 망명하였다.

티소는 11년 동안 영국에서 생활하는 동안에 영국 상류 계층과 중산 계층의 생활을 그림으로 그리고 기록하는 소중한 기회를 가졌다. 영국의 언론 〈일러스트레이트 런던 뉴스〉는 그를 '영국 화가가 일반적으로 그리지 않는 주제, 영국에서는 너무 흔해서 지나쳐 버리는 영국다움을 그려 내는 화가'로 평가하였다.

● 「클리퍼를 기다리는 사람들」. 홍차를 마시면서 클리퍼를 기다리는 귀족 소녀. 그녀도 도박에 참여했을까?(The Graphic/1873년 2월8일).

사교계의 연중 행사였던 클리퍼 레이스를 그린 「클리퍼를 기다리는 사람들」은 티소다운 쾌활한 주제이다. 클리퍼 경주 기간에는 사람들이 선박의 도크가 있는 템스강 주위의 술집과 레스토랑에 삼삼오오 모여 홍차를 마시며 대화를 즐겼다.

위 그림은 티소의 상상력으로 그린 듯하다. 그의 작품 속에 등장하는 여성들은 동일 인물이 많고, 여러 작품들을 잘 들여다보면 드레스가 모두 같다는 사실도 알 수 있다. 또 그림 속의 소도구인 티 포트와 찻잔, 부채 등은 티소 자신의 물건이었다고 본인 스스로도 인정하였다. 티소 자신이 직접 본 풍경을 자신의 작업실에서 재구성하여 작품을 완성한 것이었다.

• 메리 카샛

메리 카샛^{Mary Cassatt, 1844~1926}은 미국 펜실베이니아 주 피츠버그의 한적한 교외 지역에서 태어났다. 21세에 화가가 되기 위해 파리로 건너가 고전 회화를 연구하였다. 19세기 후반에는 아직 여류 화가가 인정을 받기 어려운 시대였고, 프랑스 국립미술학교도 여성의 입학이 허용되지 않았다. 이로 인해 카샛은 미술학원에서 주로 수업을 받거나 미술관에서 그림을 모사하면서 기술을 연마하여 24세에 파리 살롱에서 처음으로 입상하였다.

그 뒤 인상파를 대표하는 거장인 에드가르 드가^{Edgar Degas, 1834~1917}와 만나 화가로서의 큰 전기를 맞는다. 인상파 전시회에 참가하는 것을 비롯해 일본 우키요에^{浮世繪}(일본 목판화의 양식)에서도 큰 영향을 받아 판화의 제작에도 관여하였다. 경쾌한 붓 터치와 밝은 색채, 그리고 친근한 여성들의 일상에 초점을 맞춘 주제는 여성에게 엄격하였던 파리의 미술계로부터도 인정을 받을 정도였다.

● 「오후 5시의 티타임」에서는 소파에서 홍차를 마실 때 받침 접시를 가슴까지 올리는 것이 당시의 에티켓이었다는 사실도 엿볼 수 있다.

카샛은 친근한 주제를 티타임을 소재로 많이 그렸다. 보스턴 미술관을 대표하는 그림이 된 「오후 5시의 티타임Five O'Clock Tea」은 중산 계층의 '가정 초대회'의 한 순간을 묘사한 작품이다. 초대를 받은 여성은 잠시 머무르는 동안에 모자와 장갑은 벗지 않은 채로 홍차를 마시고 있다.

• 보리스 쿠스토디에프

보리스 쿠스토디에프Boris Kustodiev, 1878~1927는 러시아를 대표하는 화가이다. 페테르부르크 미술 아카데미에서 배웠고, 1911년에는 '예술 세계'의 회원이 되었다. 러시아 화가로는 드물게 밝고 화려한 색조를 많이 사용하였다. 러시아 혁명 전 상인 계층의 풍속들을 많이 그렸고, 같은 방법으로 러시아 혁명을 일종의 축제로 그림을 그려 큰 주목도 받았다.

대표작으로는 「마슬레니차Maslenitsa」, 「볼셰비키Bolsheviki」가 있지만, 러시아 혁명 다음 해 발표된 것으로 상트페테르부르크 소재 러시아미술관에서 소장하고 있는 「상인의 아내The Merchant's Wife」는 러시아의 홍차 문화에 흥미가 있는 사람이라면 꼭 보아야 할 명작이다.

남부 지방의 과자와 과일이 놓인 풍성한 식탁과 풍만한 여성의 모습은 러시아 혁명 전 부르주아 계층의 호사스러운 생활상을 잘 나타내고 있다. 배경에 그려진 것도 러시아 혁명 전의 상트페테르부르크의 풍경이다.

혁명에 의해 이와 같은 부르주아 계층의 사람들은 대부분 학살에 직면하였다. 이러한 현실과 대조되는 그림 속의 여성이 누리는 행복은 왠지 노스탤지어를 자아내 신화적인 분위기를 연출하고 있다. 이것은 어쩌면 작가의 의도적인 시대 풍자일는지도 모른다.

티 테이블에는 러시아 특유의 찻주전자인 사모바르가 있고, 예전부터 내려온 티를 받침 접시에 옮겨 마시는 풍습도 잘 그려져 있다. 이 그림은 한마디로 혁명 전 왕정 시대의 분위기를 물씬 풍긴다. 러시아미술관에서는 '러시아의 여인 시리즈' 일환으로 전시하고 있다.

● 「상인의 아내」. 사모바르를 사용하는 티타임의 모습은 오늘날에는 거의 찾아볼 수 없다. 이 그림에는 러시아의 옛 전통이 고스란히 담겨 있다.

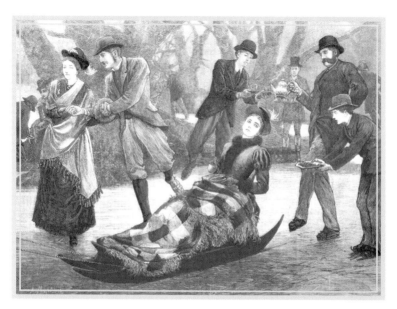

● 남성들이 썰매를 탄 여성에게 홍차와 과자를 제공하려고 시도하는 모습.
(The Graphic Christmas Number/1875년 12월 25일)

● 바다 위에 띄운 뗏목에서의 티 파티. 찻잔도 확실히 준비한 모습이 대단하다.
(The Graphic/1881년 10월 22일)

홍차 속의 인문학

언제 어디서나 티타임

우리들은 티를 집이나 티 숍, 그리고 호텔의 테이블에서나 마셔야 할 것으로 생각하기 쉽지만, 진정 홍차를 사랑하는 사람이라면 생각지도 못한 곳에서도 홍차를 마신다. 매일 아침에 들러 마시는 홍차 전문점에서부터 야외, 그리고 바다에서조차도 홍차를 즐긴다. 여러분들도 언제, 어디서나 티타임을 즐겨 보길 바란다.

● 조그만 여자아이마저 사로잡은 홍차 점괘. 어떤 운세였을지 궁금하다 (1913년).

● 풍랑이 이는 선상에서의 티타임. 어떤 경우라도 홍차는 마신다(The Illustrated London News/1895년 9월 30일).

● 야외 캠핑 도중에도 삐질 수 없는 티타임(The Illustrated Sporting and Dramatic News/1885년 9월 19일).

✦ ✦ ✦

세계의 티타임

✦ ✦ ✦

세계에는 티를 마시는 여러 방식들이 있다. 여기서는 특별한 다기를 사용하는 나라들과 약간은 독특한 방식으로 홍차를 마시는 나라들에서 찾아볼 수 있는 다양한 티타임들을 소개한다.

영국의 티타임 1, 애프터눈 티

애프터눈 티^{afternoon tea}를 마시는 문화는 오늘날 호텔에서도 즐길 수 있어 영국에서는 대표적인 관광산업으로 자리를 잡고 있다. 영국인에게는 애프터눈 티가 그저 집에서 즐기는 생활방식일 뿐이다. 그로 인해 호텔이나 특별한 티숍에서 즐기는 애프터눈 티는 영국인들에게는 좀 특별한 행사로 간주된다. 여행길이나 가족 행사, 특별한 기념일 등 여느 날과 달리 멋을 잔뜩 내는 당일이 예약한 날부터 기다려진다. 그러한 애프터눈 티이기에 호텔이나 티 숍에서 제공하는 서비스는 고객의 기대에 부응하여 해마다 발전되고 있다.

● 호텔의 인테리어도 애프터눈 티를 즐기는 기쁨이다.

애프터눈 티의 기본 메뉴는 본래 샌드위치, 스콘, 그리고 양과자이지만, 최근에는 티 숍이나 호텔에서 테마에 따라 그것을 결정하는 '티 코디네이트tea coordinate'도 일반화되었다. '초콜릿 애프터눈 티', '프레타포르테 애프터눈 티', '크리스마스 애프터눈 티' 등 계절에 따라 메뉴를 바꿔 티 애호가를 즐겁게 하는 호텔도 오늘날에는 많다. 그리고 '디톡스 애프터눈 티', '비건(채식) 애프터눈 티' 등의 건강을 주제로 한 애프터눈 티도 큰 주목을 받고 있다.

● 3단 케이크 스탠드에 올려서 제공되는 티 푸드. 호텔에서는 일반적으로 이 같은 형태로 서비스된다.

홍차 속의 인문학

음식에는 소금 간이 들어 있는 것에서부터 단것의 순서대로 먹는다. 어느 호텔에서도 홍차의 리필은 무료이기 때문에 홍차를 마음껏 마실 수 있다. 홍차의 종류를 바꿔 마실 수 있는 호텔과 그렇지 못한 호텔이 있는데, 처음에 미리 확인해 두는 것이 좋다.

애프터눈 티는 본래 저녁 식사 전에 허기를 달래고 대화를 즐기는 시간으로 발전해 온 티 문화이기 때문에 애프터눈 티의 시간을 호텔 점원과도 대화하면서 즐겨 보길 바란다. 이때 지켜야 할 에티켓으로는 찻잔의 브랜드명을 확인하기 위해 찻잔을 뒤집어 밑바닥을 보는 행동은 삼가야 한다. 찻잔이 멋지다고 생각되면 점원에게 물어 보는 것이 좋다. '아주 좋아요', '매우 마음에 들어요' 등 칭찬도 곁들이면 더욱더 좋을 것이다.

영국 현지의 애프터눈 티에서 나오는 음식의 양은 동양인들에게는 다소 많다고 느껴질 수도 있다. 영국의 상점에서는 주문한 음식을 포장해 가져갈 수 있는 경우가 대부분이다. 따라서 배가 부르면 포장해서 가져가면 된다. 다만, 리필을 받은 것을 그냥 포장해 가는 일은 에티켓에 어긋난다.

● 다 먹지 못한 음식을 포장해 가져갈 수 있는 상자.

● 런던의 관광도 겸한 애프터눈 티 투어. 런던 시내의 유명 베이커리가 제공하는 서비스이다.

● 빨간 2층 버스의 흔들림을 감안하여 홍차는 뚜껑이 달린 텀블러로 제공된다.

홍차 속의 인문학

～◦ 영국의 티타임 2, 크림 티 ◦～

영국 티 숍의 정규 메뉴인 '크림 티$^{cream tea}$'. 크림 티는 스콘과 밀크 티를 페어
링하여 마시는 티 스타일을 가리킨다. 애프터눈 티보다 약간 캐주얼한 느낌
의 크림 티는 영국인에게는 매우 일상적인 일이다.

크림 티의 스콘은 스코틀랜드 지역에서 오트밀^{oatmeal}을 사용해 만드는 케이
크인 배넉^{Bannock}이 그 원형이라고 한다. 그 이름도 스코틀랜드의 옛 수도인
퍼스^{Perth}의 스쿤^{Scone} 궁전으로부터 유래하였다. 스콘의 모양도 이 궁전에 있
는 '돌'에서 유래하였다고 한다. 스쿤 궁전에는 '스쿤의 돌', '운명의 돌', '옥
좌의 돌'로 불리는 행운의 돌이 있는데, 역대 스코틀랜드의 왕들은 이 돌에
걸터앉아 대관식을 올렸다. 그러나 잉글랜드와 스코틀랜드의 영토 분쟁이
극에 달하였던 13세기, 잉글랜드의 에드워드 1세$^{Edward I, 1239~1307}$가 이 돌을 전
리품으로 삼아 런던으로 가져왔다. 그리고 돌을 양쪽에 끼워 넣어 만들도록
특별히 주문하여 '에드워드 왕의 의자'를 만들도록 하였다. 그 뒤 이 의자는
웨스트민스터 사원에 갖다 놓고 스코틀랜드를 깔고 앉는 의식으로서 영국
국왕의 대관식을 올리도록 하였다. 스코틀랜드인에게 에드워드 왕의 의자
는 굴욕과 원한의 상징으로 가슴에 남아 있다.

1996년에 이 돌은 스코틀랜드로 반납되어 오늘날에는 에딘버러 성내의 보
물전에 전시되어 있다. 그러나 영국 국왕의 대관식 때는 돌을 런던으로 가져
와야 한다는 조건이 붙어 있다. 1996년 이전에 웨스트민스터 사원을 방문
한 사람은 돌이 들어가 있던 의자를, 이후에 방문한 사람은 돌이 비어 있는
의자를 본 것이다.

스콘은 늘 먹는 음식이지만 유래도 있고 먹는 방식에 약간의 규칙도 있다.
먼저 스콘은 '늑대의 입'이라고도 부르는 갈라진 틈을 따라 손으로 가로 방
향으로 둘로 갈라 먹는다. 또한 수직으로 가르는 것은 금기시한다. 티 숍에
서는 스콘과 함께 스콘 나이프가 함께 제공되지만, 이 나이프는 클로티드

● 스쿤 궁전에는 스쿤 바위의 모조품
이 전시되어 있다.

● 에드워드 왕의 의자. 이 시대에는 돌
을 끼워 넣었다(1953년).

크림과 잼을 바르는 도구로 스콘을 자르는 도구가 아니다. 스콘 나이프의 끝은 둥글게 되어 있다. '옥좌의 돌'인 스콘을 향하여 예리한 칼끝을 들이대는 것을 금기시한 것이다.

여러 사람들이 즐기는 경우에는 필요한 양만큼 클로티드 크림과 잼을 접시에 들어낸 뒤 스콘 나이프로 바르면서 먹는다. 먹을 부분만큼 발라 그 부분을 먹고 또 바르면서 먹으면 우아하다는 생각도 들지만, 대부분의 영국인들은 한 번에 크림과 잼을 발라 손으로 떼어 내 스콘을 먹는다.

클로티드 크림과 잼을 바르는 방식에는 두 가지가 있는데, 한번 시도해 보길 바란다. 먼저 '데번셔 스타일Devonshire style'이 있다. 스콘에 클로티드 크림을 바른 뒤에 잼을 덧바른다. 크림을 좋아하는 사람이 크림을 더 많이 먹을 수 있는 스타일이다. 다음으로는 '콘월 스타일Cornwall style'이 있다. 이 스타일은 스콘에 잼을 바르고 난 뒤에 클로티드 크림을 바른다. 클로티드 크림을 막 구운 스콘에 발라 녹여 버리려는 발상이 숨어 있다. 이 스타일에 따르면 잼을 제대로 바를 수 있다는 장점이 있다.

밀크 티를 즐기는 경우에 찻잔에 우유를 먼저 넣을지, 아니면 나중에 넣을지에 대한 논쟁이 있듯이, 스콘을 즐기는 경우에도 크림이나 잼을 바르는 데 고수하는 방식이 있다는 사실에서는 역시 생활을 즐기는 영국인다운 기질을 엿볼 수 있다.

● 잉글랜드 북부에 있는 한 컨트리 하우스의 티 숍에서 제공된 크림 티.

제5장 세계의 티타임

프랑스·벨기에의 티타임

미식가의 나라로 유명한 프랑스와 벨기에. 그에 관한 긍지는 티타임에도 잘 반영되어 있다. 프랑스에서 홍차는 원래 귀족 계층의 음료였고, 일반에 보급된 것도 시기적으로 상당이 늦었다. 이러한 배경에서 지금도 홍차라고 하면 고급스러운 이미지와 경외감을 주고 있어, '살롱 드 테$^{Salon\ de\ Thé}$'에서 홍차를 즐기는 사람들이 많다.

일반적인 티 숍에서도 티는 반드시 티 포트로 제공되는 것이 원칙이다. 티백 홍차라도 티 포트로 제공되고, 접시에는 반드시 그래뉴당, 굵은 설탕, 각설탕, 흑설탕 등 여러 종류의 설탕이 함께 준비되어 제공된다. 설탕 하나만 보아도 미식을 즐기는 국민성을 엿볼 수 있다. 최근에는 티 숍에서 우유도 저온 살균 우유로만 제공하는 곳들이 늘고 있다. 슈퍼마켓의 홍차 판매장에 관해서는 여느 나라와 마찬가지로 티백이 중심이고, 잎차는 전문점에서나 구입할 수 있다.

● 벨기에의 카페에서는 홍차를 주문하면 과자도 함께 나온다. 티백임에도 반드시 티 포트로 우려내 제공된다.

홍차 속의 인문학

● 여러 종류의 설탕. 한 잔, 두 잔째 설탕을 달리해 마셔 볼 수도 있다.

두 나라의 티타임에서 인기 있는 아이템은 400년 이상의 역사를 자랑하는 이와테현[岩手県] 모리오카시[盛岡市]의 전통 공예품인 철주전자이다. 일본에서는 판매수가 줄어든 철주전자에 처음으로 눈을 돌린 것은 프랑스의 인기 홍차 전문점인 마리아주 프레르였다고 전해진다. 일본의 녹차용 주전자보다 크기를 더 키우고, 홍차의 찻빛에도 영향을 주지 않도록 내부를 법랑으로 처리하였다. 1980년대에 일본에서 수출이 시작되면서 프랑스에서는 그 인기가 폭발하였는데, 지금은 유럽의 일반 홍차 전문점에서도 철주전자를 볼 수 있을 정도로 널리 보급되어 있다.

일본에서는 청동색이나 검정색 등 전통적인 색상을 선호하지만, 프랑스나 벨기에서는 '검은색만으로는 부족하다', '좀 더 다채로운 색상으로 자신만이 좋아하는 색상의 철주전자를 갖고 싶다'는 인식을 지닌 소비자들이 많아 색상의 다채로움이 계속 진화한 것이다. 다양한 색상을 띠는 철주전자가 실내에 가득 진열되어 있는 광경은 압권이다. 이러한 모습은 일본에서 흔히 보는 철주전자의 이미지를 완전히 뒤엎어 놓는다.

● 벨기에에 있는 홍차 전문점의 한 모습. 다양한 색채의 철주전자는 보는 이들에게 즐거움을 준다.

∾ 인도의 티타임 ∾

인도인들은 홍차를 대단히 좋아한다. 그리고 마시는 방식도 상황에 따라 달라진다. 귀한 손님을 대접하는 티 모임에서는 영국식 티 스타일로, 시내에서 조촐하게 모이는 가족들 간의 티타임에서는 향신료와 설탕을 듬뿍 넣고 끓여 내는 밀크 티 방식으로 즐긴다. 이렇듯 마시는 방식은 다르지만, 언제 어디서든 홍차를 즐기는 분위기이다.

세계유산의 보고인 인도는 해외 여행객들에게도 인기가 매우 높은 나라이다. 특히 유럽 관광객들은 자기들 나라에서는 결코 볼 수 없는 이국적인 분위기를 찾아 인도를 방문한다. 홍차를 생산하는 산지는 그러한 관광객들에게도 매우 큰 인기를 끌고 있다. 일상에서 마시는 홍차가 어떤 곳에서 만들어지는 것일까 … 서양에서는 결코 경험할 수 없는 드넓게 펼쳐지는 다원을 보고 싶은 사람들의 바람을 이루도록 해 주는 것이 제1장에서도 소개한 적이 있는 티 산지를 달리는 산악 철도이다. 인도의 다르질링과 닐기리를 내달리는 산악 철도는 유네스코 세계유산에도 등재되어 해외 관광객에게 큰 인

● 기적을 울리며 달리는 산악 열차. 승객들이 몸을 내밀며 풍경 사진을 촬영하고 있다.

제5장 세계의 티타임

기를 끌고 있다. 인도 산악 철도의 승차권은 4개월 전부터 예약을 받아 판매되지만 단 하루 만에 매진되는 일도 많아, 인도의 전문 여행사를 통해서도 희망하는 날짜의 승차권을 구하기가 매우 어려울 정도이다. 특히 열차의 제일 앞쪽에 있는 멋있는 객실의 승차권을 구입하는 일은 쟁탈전에 가깝다.

승차권을 구하여 1899년에 개통한 '닐기리 산악 철도'를 통해 여행에 나서 보는 것도 좋다. 출발 전 플랫폼에서 볼 수 있는 광경은 아침 7시임에도 불구하고 취소된 승차권을 구입하려는 사람들로 장사진을 이룬다. 한마디로 산악 철도의 탑승은 행운에 감사해야 할 정도로 짜릿한 감동을 준다. 향수 어린 증기 기관차의 기적 소리와 함께 산악 열차는 서서히 플랫폼을 출발하다가 나중에는 힘겹게 산길을 올라간다. 열차는 창에서 손을 내밀면 닿을 정도로 산악 암벽에 접근하기도 하고, 열차 지붕이 닿을 듯한 높이의 터널을 통과하기도 한다.

열차가 속도를 올리면 그 느낌이란 정말 롤러코스터를 탄 기분이다. 인도의 평지를 달리는 철도에는 터널이 적은 탓에 터널에 익숙지 않은 인도인들은

● 암벽 곁을 내달릴 때는 승객들도 스릴감을 맛볼 수 있다.

● 급수 휴식 시간에는 열차의 수리 작업도 진행된다.

어른이나 아이들이나 할 것 없이 100미터 길이의 터널로 진입하면 환호성을 지른다. 터널은 16개나 되지만 그때마다 환호성이 끊이질 않는다. 해발 고도가 점차 높아지면 차창 밖으로는 다원들이 절경을 이루며 펼쳐진다. 홍차를 좋아하지 않는 사람들도 숨이 막힐 듯한 기분을 만끽할 수 있다.

이 산악 철도의 여행은 한 시간에 한 번 정도로 급수와 설비의 점검을 위하여 잠시 휴식 시간을 갖는다. 정차 중에는 열차의 문을 자유롭게 열고 밖으로 나갈 수도 있는데, 이 시간에는 철도나 풍경의 사진을 찍는 사람들과 향신료와 설탕을 듬뿍 넣은 홍차를 즐기는 사람들로 인해 일대가 순간 대단히 소란스러워진다.

홍차와 향신료, 그리고 우유를 넣어 끓인 홍차를 인도에서는 '차이chai'라 한다. 생강이 든 것은 '진저 차이ginger chai', 다수의 향신료가 섞여 있는 것은 '섞어 맞춘다'는 뜻을 지닌 '마살라masala'가 붙어 '마살라 차이masala chai'라 한다.

급수 도중에 놓치기 어려운 기회이기에 진저 차이를 맛보았다. 북인도에서는 적토가 많이 나오기 때문에 이를 빚어 구운 '쿨라드Kullad'라는 컵으로 차이를 마시고, 다 마시고 난 다음에는 쿨라드를 땅에 내던져 흙으로 되돌리는 풍습이 있다. 그러나 남인도에서는 차이를 이와 달리 유리잔에 담아 마신다. 또 한편으로 위생적인 면을 고려하여 관광객들에게는 차이를 종이컵에 담아 주기도 한다. 이곳에서 마시는 진저 차이는 정취는 없는 것 같지만 똑 쏘는 맛이 일품이다.

● 남인도에서는 요즘 차이를 종이컵에 담아 제공하는 일이 늘고 있다.

해발 고도 2000m의 고산 지대까지 산악 열차를 타고 5시간 정도 올라가는 사이에 몸을 따뜻이 하는 향신료가 든 홍차도 제공되어 기쁨은 한껏 고조된다.

● 역 구내에서 차이를 파는 상인. 많은 사람들이 홍차를 사려고 밀려들기 때문에 홍차는 미리 우려내 보온통에 넣어 둔다.

홍차 속의 인문학

◦⊸ 헝가리의 티타임 ⊶◦

헝가리는 홍차 소비량이 많지는 않지만, 홍차를 자유롭게 즐기는 방식은 매우 다양하다. 헝가리 사람들은 '레몬 티lemon tea'를 대단히 좋아한다. 어느 티숍에서든 홍차를 주문하면 레몬이 함께 나온다. 그리고 특산품인 벌꿀도 나온다. 슈퍼마켓의 홍차 판매장에서도 레몬 플레이버드 티가 절반을 차지하고 있는데, 녹차에도 어김없이 레몬 향이 가해져 있다.

레몬 티에 대한 집착은 세계 어느 나라보다 강하고, 홍차 전용의 레몬 정제 상품까지 판매될 정도이다. 생레몬이 없을 경우에 정제를 한 알 홍차에 넣으면 뜨거운 물에 녹아 즉석 레몬 티가 만들어지는 헝가리다운 상품이다.

● 헝가리의 도자기 브랜드 졸너이zsolnay의 다기로 세팅한 티타임. 커다란 레몬과 벌꿀에서 헝가리풍을 느낄 수 있다.

티 숍이 줄이어 늘어서 심야 영업을 하는 것도 헝가리만의 특징이다. 젊은 이들도 많이 들락거리는 모던풍의 티 숍에서부터 중동풍으로 꾸며 노스탤지어를 풍기는 티 숍, 동양적인 모습이 물씬 풍기는 다다미방이 있는 티 숍 등 그 모습이 매우 개방적이면서도 자유롭다. 그리고 밤이 되면 거의 모든 티 숍에서 술과 홍차를 블렌딩한 어레인지 티를 판매한다. 느긋하고 넉넉한 성품을 지닌 매우 친절한 사람들이 많은 헝가리의 거리에서 젊은이들과 함께 헝가리에서만 맛볼 수 있는 스타일의 홍차를 즐겨 보길 바란다.

● 호텔에서 제공하는 아침 식사 뷔페의 한 장면. 생레몬이 아닌 레몬즙이
   준비되어 있고, 한 곁에는 벌꿀도 놓여 있다.

홍차 속의 인문학

⊱ 스리랑카의 티타임 ⊰

영국의 식민지 기간이 길었던 스리랑카. 우유에도 영국인들의 기호도가 깃들어 있다. 당시 피서지로 인기가 높았던 누와라엘리야의 마을에는 슈퍼마켓에 저온 살균 우유도 진열되어 있지만, 시중에 있는 우유의 약 90%는 고온 살균 우유이다. 그러나 고온 살균 우유는 아직도 가격이 비싸서 일상적인 티타임에는 다른 우유가 주를 이룬다. 바로 '분말 우유'이다. 이 분말 우유야말로 스리랑카 티를 즐기는 데 필수품이다. 스리랑카에서는 분말 우유를 '키리kiri'라 하고, 이것이 든 홍차를 '키리 테kiri tee'라고 하는데, 둘 다 많은 사랑을 받고 있다.

전통적으로 키리 테를 우리는 방식은 조그만 물통 2개를 사용해 한 쪽에서 다른 쪽으로 번갈아 옮겨 가면서 분말 우유를 녹인다. 키리 테에 거품이 일면 보얗게 되면서 온도가 내려간다. 뜨거운 것을 잘 먹지 못하는 사람들이 많은 스리랑카에서 즐기는 티 스타일이다. 가정에서는 보통 스푼으로 분말 우유를 저어 가며 먹는다고 한다. 지방의 다원으로 향하는 도중에 있는 토속적인 가게에서는 조그만 물통들이 놓여 있는 것을 흔히 볼 수 있는데, 상점 주인들은 보통 겸연쩍게 웃는 얼굴로 키리 테를 만들어 준다.

나날이 발전하는 스리랑카. 이러한 전통적인 티 스타일도 앞으로 수십 년이 지나면 더 이상 볼 수 없다는 깃을 생각하면, 또다시 그 맛을 보러 스리랑카에 가고 싶은 마음이 생긴다.

● 스리랑카의 가게에 널려 있는 분말 우유의 제품들.

● 분말 우유를 조그만 물통에 넣는다.

● 홍차의 등급은 더스트(dust)를 사용하며, 삼베로 만든 스
  트레이너로 걸러 넣는다.

● 키리 테를 이리저리 번갈아 옮기면서 분말 우유를 녹여 온
  도를 내린다.

∽ 러시아의 티타임 ∾

러시아는 세계에서도 유례가 없을 정도로 홍차 대국이다. 1인당 홍차 소비량은 영국에도 뒤지지 않는다. 티 음료 문화의 역사도 긴 러시아에는 그 풍토에 맞는 다양한 다기와 홍차를 즐기는 방식들이 발달하였다.

특징적인 다기는 1778년에 최초로 만들어졌다고 알려진 '사모바르samovar'이다. 사모바르는 간단히 설명하면, 자동으로 물을 끓이는 그릇이다. '사모samo'는 '자기 마음대로', '바르var'는 '끓고 있다'라는 뜻이다. 여기서는 사모바르를 사용해 홍차를 즐기는 방법을 소개한다.

사모바르는 홍차를 우리기 위한 그릇이 아니고 물을 끓이는 도구이다. 사모바르 본체의 커다란 동체 부분에 물을 넣고 전원을 켜면 물이 끓는다. 부속으로 티 포트에 다소 많은 양의 찻잎을 넣고, 사모바르의 레버를 돌려 티 포트에 뜨거운 물을 부어 홍차를 우려낸다. 그리고 티 포트의 뚜껑을 닫은 뒤 사모바르 위쪽 연통 모양의 부분에 올려 놓는다. 사모바르는 물이 끓으면 자동적으로 열원이 떨어지는 전기 포트와는 달리 물이 항상 끓는 상태로 있다. 이러한 이유로 연통 부분에서는 뜨거운 수증기가 항상 치솟아오르고, 그 수증기 열로 위쪽에 놓여 있는 티 포트를 더욱더 가열하여 홍차를 고농도로 우리는 것이다.

티 포트를 올려놓은 채로 두면 안에 들어 있는 홍차는 농도가 서서히 진해신나. 그 진한 홍차를 찻잔에 조금만 따라 취향에 맞춰 사모바르로 끓인 물로 희석하여 마신다. 이것이 바로 러시아에서 홍차를 마시는 방식이다. 러시아의 겨울에는 사모바르가 난방기로도 사용되는데, 가족들이 사모바르를 둘러싸고 앉아 함께 즐기는 티타임은 행복의 상징이었다. 예전의 사모바르는 내부에 석탄을 넣는 통이 있었지만, 지금의 사모바르는 모두 전기식이다.

한편 러시아의 티 풍습에 관하여 일반인들이 종종 오해하고 있는 사실도 있다. 바로 '홍차 속에 잼을 넣어 마신다'는 내용이다. 러시아는 사실 서양의 여러 나라들에 비해 설탕이 유입된 시기가 늦었기 때문에 오랜 동안 단 식품은 벌꿀뿐이었다. 당시 단 과자로 인기가 있었던 것은 '바레니예^{varenye}'로 과일의 꿀조림이다. 매실, 체리, 자두, 블루베리, 복숭아, 푸른 사과와 같은 과일과 밤, 호두와 같은 견과류 등을 넣어 만든다. 고체형으로 된 것을 스푼으로 건져 내 티를 마신 뒤 먹는 광경이 티와 잼을 섞는 것처럼 보였던 것이다. 참고로 남은 꿀조림은 물로 희석해 마신다.

● 백조 그림이 그려져 있는 사모바르. 티 포트가 위에 세팅되어 있어 매우 근사하다.

홍차 속의 인문학

프랑스와의 외교적인 관계가 무르익은 18세기 후반에는 설탕이나 감귤류의 수입이 늘어나면서 바레니예도 이제는 벌꿀이 아닌 설탕으로 졸이게 되었다. 그러나 감귤류는 수입량이 그다지 많지 않았던 상황이어서 보통 다른 과일의 껍질을 사모바르 안에 넣어 향을 뜨거운 물에 녹여 냈다. 물론 부유한 계층에서는 얇게 저민 감귤류를 홍차에 띄워 마셨다. 특히 유럽의 외교 사절이나 귀빈을 맞이할 때는 레몬을 넉넉히 사용하였는데, 이로 인해 유럽 사람들은 레몬 티를 '러시안 티^{Russian tea}'로 불렀다.

오늘날에도 러시아에서는 레몬, 라임, 그리고 베리 계열의 플레이버드 티가 인기가 매우 높다.

● 러시아 슈퍼마켓에서 판매하는 홍차. 주로 티백으로 플레이버드 티가 많은 것이 특징이다.

일본에서 '홍차의 날' 유래는 러시아에서

일본에서 11월 1일은 '홍차의 날'로 제정되어 있다. 이는 이세^{伊勢}(지금의 미에현) 출신의 선장이었던 다이코쿠야 고다유^{大黒屋光太夫. 1751~1828}의 일화에서 유래한다.

다이코쿠야 고다유는 1782년에 이세를 출항한 지 4일 만에 폭풍을 만나 조난을 당하여 러시아령에서 표류한다. 일본으로 귀국하기 위해 러시아 내륙을 이동하였는데, 9년이라는 세월이 흐른 1791년 11월에 상트페테르부르크^{Saint Petersburg}에서 여제 예카테리나 2세^{Ekaterina II, 1729~1796}를 알현해 허락을 받고 일본으로 귀국하였다.

다이코쿠야 고다유가 남긴 기록에는 그가 러시아인들의 티 모임에 초대를 받았다는 내용은 없다. 그러나 당시 러시아 궁정에는 티 음료 문화가 성행하였기 때문에 상류 계층들과 교류를 가졌던 그가 러시아에서 티 문화를 체험했으리라고 가정한 뒤, 1983년에 일본에서는 '홍차의 날'을 제정한 것이다. 진실은 알 수 없지만, 고다유의 일화는 1968년에 출간된 이노우에 야스시^{井上靖. 1907~1991}의 장편 소설 『오로시야국 취몽담^{おろしや国酔夢譚}』에 실려 영화로도 상영되었다.

● 다이코쿠야 고다유가 예카테리나 2세와 만난 상트페테르부르크의 외곽에 있는 예카테리나 궁전의 '거울의 방'.

오스트프리슬란트의 티타임

오스트프리슬란트^{Ostfriesland}는 북독일 니더작센^{Lower Saxony} 주의 몇몇 마을과 도서 지역을 아우르는 이름이다. 이 지역은 연간 1인당 홍차 소비량이 2.5kg인 것으로 알려져 있다. 이 오스트프리슬란트 지역에는 세계에서도 오직 이곳에서만 볼 수 있는 독특한 '티 세리머니'가 전해진다. 여기에는 다음과 같은 규칙이 있다.

오스트프리슬란트 지역용으로 블렌딩한 찻잎을 사용할 것, 포트에는 반드시 워머(가온기)를 사용할 것, 우유가 아닌 생크림을 사용할 것. 설탕은 얼음설탕을 반드시 사용할 것 등이다. 슈퍼마켓의 홍차 판매장에는 다양한 종류의 오스트프리슬란트 지역용 티 블렌드들이 진열되어 있다. 프랑크푸르트, 베를린, 뮌헨과 같은 독일의 다른 대도시에는 이와 같은 티 블렌드들이 판매되지 않는다.

● 시간을 느긋하게 보낼 수 있는 오스트프리슬란트의 티 세리머니.

설탕 코너에는 티 세리머니용의 얼음설탕, 흰 각설탕, 얼음사탕들이 진열되어 있다. 티 포트를 워머로 데우는 이유는 이 지역이 북유럽에 가깝고 겨울이 매우 춥기 때문이다.

● 오스트프리슬란트 지역용의 티 블렌드.

● 티 세리머니용의 얼음설탕이 진열되어 있는 모습.

오스트프리슬란트의 티 세리머니는 보통 다음과 같이 진행된다. 먼저 티 포트에 오스트프리슬란트 지역용의 찻잎을 넣고 끓인 물을 부어 뚜껑을 닫은 뒤 홍차를 우려낸다. 홍차가 다 우려지면 찻잔에 작은 얼음설탕을 몇 개 정도 넣는다. 그리고 얼음설탕 위로 뜨거운 홍차를 따른다. 이때 톡톡하며 얼음설탕이 녹는 소리가 나는데, 이 소리를 이곳 지역에서는 '홍차의 지저귐'이라 한다. 매우 우아한 표현이다. 홍차가 든 찻잔에 전용 스푼으로 유지방이 듬뿍한 크림을 떠서 홍차에 서서히 내리붓는다. 반드시 반시계 방향으로 '크림 구름'을 만들 듯이 붓는다. 홍차 속에서 크림이 분산되는 모양이 마치

● 크림을 따르는 전용 스푼. 반시계 방향으로 돌리면서 따를 때 편리하도록 한쪽에 귀때가 있다.

'장미꽃'처럼 보여 찻잔의 디자인도 장미 무늬가 많다고 한다. 크림을 휘저을 수도 있지만, 이 지역에서는 절대 휘젓지 않고 있는 그대로의 상태로 마시면서 맛의 변화를 즐긴다. 추운 겨울에는 독한 럼주를 넣기도 한다. 홍차의 맛은 매우 순수하고 부드럽다. 홍차 그 자체의 향미를 살리는 방법은 아니지만, 형용할 수 없는 느긋한 기분이 드는 티 세리머니. 참고로 이 지역의 티 숍에서 홍차 1인분을 주문하면 큰 머그잔이 티 워머에 놓여 제공된다. 머그잔을 워머로 데우다니! 전 세계의 어느 지역에서도 볼 수 없는 매우 낯선 광경이다. 홍차를 즐기는 방법이 참으로 다양하다는 사실을 새삼 느낄 수 있다.

티 세리머니용의 찻잔 세트, 그리고 크림을 따르는 특별한 스푼이 필요한 사람들은 오스트프리슬란트 지역에서 구해 보길 바란다.

● 장미 무늬가 그려진 티 세트 작품. 이런 무늬의 찻잔은 오늘날 티 숍에서 많이 사용된다.

❦ 터키의 티타임 ❧

음주를 금지하는 종파가 많은 이슬람교의 터키인들에게는 홍차는 결코 빠질 수 없는 음료이다. 예전에는 커피 원두를 전부 수입에 의존하였던 상황에서도 커피의 소비량이 매우 많았다. 그런데 1970년대 후반에 들어 커피 원두의 가격이 폭등하면서 커피의 소비량도 급속히 줄어들었다. 그 뒤 터키는 국가 차원에서 홍차의 수입을 권장하고, 국내에 다원도 새로 개간하면서 오늘날에는 홍차 소비 대국이 되었다.

남성들은 '차이하네^{Çayhane}'라는 찻집에 모여 '차이^{Çay}'로 불리는 홍차를 마시며 물 담배를 즐긴다. 여성들은 여럿이 모여 그룹으로 행동하는 경우가 많고, 일주일에 한 번 정도 돌아가면서 티타임을 갖는다. 차례가 돌아온 가정에서는 과자와 가정집 요리를 준비하여 참석한 지인들에게 대접한다. 여성들에게 매우 인기가 있는 것은 '애플 차이$^{apple\ Çay}$'이다. 얇게 썬 사과를 건조시켜 차이에 넣거나 애플 플레이버드 티로 만들어 마신다.

여기서는 터키에서 홍차를 우리는 방식을 소개한다. 터키에서 홍차를 우려내는 데는 스테인리스강으로 된 티 포트인 '차이단륵^{Çaydanlık}'이 꼭 필요하다. 눈사람 모양으로 크고 작은 포트가 위아래로 포개져 있는 독특한 티 포트이다. 차이단륵의 사용 방식은 러시아의 사모바르와 매우 비슷하다. 아래에 있는 커다란 포트에 물을 넣고 끓인다. 위의 작은 포트에 찻잎을 넣고 올려놓는다. 아래에 있는 포트에서 올라오는 수증기로 찻잎을 먼저 풀어 준다. 물이 끓으면 찻잎이 든 위의 작은 포트 속으로 물을 따라 넣는다. 아래의 포트에는 아직 물이 남아 있는 상태로 계속해서 끓여 위에 있는 포트를 더욱더 가열한다. 홍차는 '차이발닥$^{Çay\ baldag}$'이라는 유리잔에 절반 정도 따른 뒤 아래의 포트에 든 물을 취향에 맞는 농도까지 부어 맛을 조절하여 완성한다.

약 20분에 걸쳐 우려낸 홍차를 유리잔에 따르면, 찻빛이 마치 토끼눈처럼 맑고 붉다. 이 작은 유리잔 속에 든 홍차에는 각설탕을 2개 정도 넣는다. 농도가 매우 진한 홍차로 마신다기보다는 핥는 듯 조금씩 입에 담는다. 이렇게 진한 홍차를 터키인들은 하루에 몇 잔씩이나 마신다.

● 터키의 티 포트, 차이단특. 불로 직접 가열해 사용한다.

● 귀엽게 생긴 차이발닥. 여행 선물로도 인기가 높다.

홍차 속의 인문학

홍차 소비국의 자랑, '우표'

홍차는 단순한 음료가 결코 아니다! 세계를 요
동치게 만든 역사적 사건의 요인이 되거나, 나
라를 대표하는 도자기 생산과 연결되거나, 문
학 작품의 상징이 되기도 하는 음료이다. 홍차
소비국의 큰 자랑거리인 우표를 감상해 보자.

● 미국 1973년

● 헝가리 2003년

● 헝가리 2003년

● 헝가리 1972년

● 모리셔스 2011년

● 구소련 1989년

● 구소련 1989년

● 구소련 1989년

● 구소련 1989년

● 구소련 1978년

● 영국 2015년

제 6 장

✦ ✦ ✦

세계의 홍차 명소

홍차는 전 세계 곳곳에서 마시는 음료이기 때문에 세계 각지에는 홍차의 역사와 문화, 그리고 산지를 찾아 즐길 수 있는 명소들이 수없이 많다. 여기서는 그중에서도 홍차의 세계를 보다 더 특별하게 경험할 수 있는 곳들을 소개하기로 한다. 홍차를 좋아하는 사람들이라면 꼭 들러볼 만한 곳들이다.

∽ 제프리 박물관 ∾

영국 런던 교외의 제프리 박물관(Geffrye Museum)은 인테리어(실내 장식)를 주제로 한 박물관이다. 주요 전시 내용은 17세기~20세기까지 중산 계층의 주택 생활을 재현한 것이다. 왕족과 귀족의 상류 계층이 아닌, 오로지 중산 계층의 주택 생활만을 전시한 곳으로서 세계에서도 유일하다.

각 시대별로 방의 실내 장식, 가구, 그리고 테이블 위의 소품들이 근사하게 재현되어 있지만, 시대에 따라서는 티타임의 장면도 재현되어 있다. 또 박물관 내에는 중산 계층의 거주 공간을 그린 그림이나 고풍스러운 찻잔들도 함께 전시되어 있다. 누구나 자유로이 책을 열람할 수 있는 도서 코너에는 많은 책들이 꽂혀 있다. 더 놀라운 것은 입장료가 무료라는 사실이다.

● 각 시대별로 디자인이 달라지는 의자를 진열한 모습. 왼쪽에서 오른쪽으로 갈수록 현대에 가깝다.

한마디로 홍차 문화가 성장해 온 시대가 총망라되어 있는 인테리어 박물관으로서 시대별로 사람들이 홍차를 어떤 방식으로 즐겼는지 홍차의 역사를 공부하는 훌륭한 기회가 될 것이다.

● 영국의 홍차 문화를 소개하는 설명과 고풍스러운 찻잔이 함께 전시되어 있다.

제프리 박물관
Geffrye Museum
136 Kingsland Rd, London, UK
http://www.geffrye-museum.org.uk/

토머스 트와이닝^{Thomas Twining, 1675~1741}은 1706년에 '톰스 커피 하우스^{Tom's Coffee} ^{House}'로 창업하였다. 1717년에 티 소매업에 처음으로 뛰어든 뒤 크게 번창하여 영국 최초의 티 소매업체로서 오늘날까지도 그 위업을 이어 오고 있다. 당시 세금을 적게 내기 위해 출입구를 좁게 했던 상점 내부는 마치 '장어가 잠자는 장소'인 것처럼 길게 이어져 있다. 낱개로 포장된 상품과 싱글 오리진 티를 진열한 곳을 지나 상점 저 안쪽에는 이 회사의 역사를 한눈에 볼 수 있는 '트와이닝스 박물관^{Twinings Museum}'이 마련되어 있다.

커피 하우스 시대에 빨리 주문하고 싶어 하는 고객들에게 추가 요금으로 2 펜스를 받았던 상자에는 'to insure promptness(빠른 서비스 보증)'의 머리 글자인 'T·I·P'가 새겨져 있다. 300년 전부터 보관되어 온 나무 상자는 마치 역사의 산 증인과도 같다. 또한 당시 상품을 넣기 위해 사용한 고객용 종이 봉지도 보관하고 있는 모습은 놀라울 따름이다. 종이 봉지에는 광고도 겸하여 당시 취급하였던 다른 상품들도 함께 새겨져 있다. 티, 커피, 브랜디, 펀

● 창업 당시의 그 장소에서 영업을 계속하고 있는 트와이닝스.

치 …… 코담배, 빵, 버터, 실론의 야자유, 오렌지, 레몬 등 모두 고급품들뿐이다. 한 곁에 전시되어 있는 고객 명부에는 캔터베리 대주교나 앞서 소개한 유명 화가 호가스의 이름도 나온다. 1837년에 왕실로부터 받은 왕실 전속 납품 허가증도 빼놓을 수 없다. 시대에 따라 달리 생산된 티 캔이나 판촉용 상품, 역대 사장의 초상화, 가계도 등도 눈여겨볼 만하다.

매우 오밀조밀한 공간에 트와이닝스의 역사가 응집되어 있는 박물관이다. 홍차의 역사를 배우려면 꼭 방문하기를 권하는 장소이다.

● 귀중한 자료들이 진열되어 있는 유리장.

트와이닝스 박물관
The Twinings Museum
216 Strand, London, UK
https://www.twinings.co.uk/about-twinings/216-strand

∽ 커티 삭 ∽

쾌속 범선인 클리퍼, 커티 삭Cutty Sark이 건조된 것은 1869년의 일이다. 그런데 진수식이 있기 일주일 전에 수에즈 운하가 개통되면서 커티 삭은 티 클리퍼로서 역사에 길이 남을 활약을 그리 오래 하지는 못하였다. 커티 삭은 스코틀랜드어로 '요정이 입고 있던 짧은 속옷'을 뜻한다. 이 뜻은 스코틀랜드의 전설에서 유래되었다.

● 아름다운 선체를 가진 커티 삭. 2012년에 재개장하여 전 세계의 홍차 애호가들에 큰 기쁨을 선사하고 있다.

술에 취해 집으로 돌아가던 청년 탬이 한밤중에 마침 요정 내니가 교회에서 속옷 차림으로 춤을 추고 있는 모습을 본다. 내니의 그 모습을 몰래 엿본 탬은 '좋다~ 내니'라고 소리친다. 탬의 존재를 알아챈 내니는 분노가 폭발한다. 당황하여 말을 타고 달아나는 탬을 내니는 뒤쫓는다. 요정이 물을 싫어하는 사실을 익히 알고 있던 탬은 강을 향하여 달리면서 내니로부터 필사적으로 도망을 간다. 결국 내니의 손에는 불쌍한 말의 꼬리만 남게 된다는 이야기이다.

이 이야기는 18세기의 스코틀랜드 시인, 로버트 번즈[Robert Burns, 1759~1796]의 시로도 읊어졌다.

> 술을 마시고 싶은 생각이 나거나
> 커티 삭이 마음에 떠오르거든
> 생각해 보라.
> 그 쾌감의 대가가
> 너무도 비싸지 않을지
> 탬의 암말을 떠올려 보라.

티 클리퍼 '커티 삭'의 뱃머리에는 속옷 차림을 한 내니의 조각상이 내걸려 있다. 탬을 뒤쫓아 가는 필사적인 모습은 경주에서 이기려는 기세가 넘친다. 그리고 물을 싫어하는 내니를 닮아 배가 침몰하지 않도록 하는 의도가 담겨 있는 것이다.

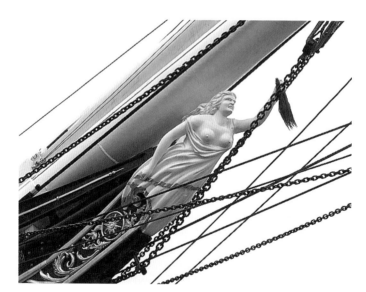

● 뱃머리에 있는 내니의 상반신 상.

수에즈 운하가 개통된 뒤에 티 클리퍼는 다른 용도의 운반선으로 사용되었지만, 대부분의 티 클리퍼들은 개조되거나 폐기되었다. 이러한 이유로 인해 오늘날까지 남아 있는 티 클리퍼는 오직 커티 삭뿐이다. 커티 삭은 당시 티 무역의 역사를 고스란히 간직한 소중한 문화유산으로서 영국 그리니치에 보관되어 있었지만, 2007년에 안타깝게도 화재로 전소되기에 이른다. 이 소식은 전 세계의 홍차 애호가들에게 큰 절망을 안겨 주었다. 다행히도 복원 작업이 진행 중이었던 관계로 선내 전시품의 대부분은 외부에 보관되어 있었다.

수많은 독지가들로부터 기부금을 받아 2012년에 다시 복원 및 개장한 커티 삭은 선박 전체가 유리 돔 위에 있어 선박이 마치 떠 있는 것처럼 보이며, 그 광경은 멀리서 보아도 매우 압도적이다. 1층은 홍차 박물관으로서 트와이닝의 창업, 아편 전쟁, 보스턴 티 사건 등 영국 홍차의 역사가 쌓아 놓은 홍차의 상자에 기록되어 있다. 티 클리퍼는 빠른 운송을 목표로 건조되었기 때문에 선내 시설이 상당히 좁아 당시 선원들의 어려움을 엿볼 수 있다. 뱃바닥을 올려보는 계단 아래쪽의 바닥에는 티 숍도 개장되어 애프터눈 티도 즐길 수 있다.

● 홍차의 역사가 기록된 티 상자들.

커티 삭의 재개장에 맞춰 트와이닝스가 생산한 '커티 삭 블렌드 cutty sark blend'
는 그 티 캔의 디자인이 훌륭하여 지역 특산품으로도 인기가 매우 높다.

● 선내에 놓여 있는 티 세트들.

● 트와이닝스가 생산한 커티 삭 블렌드.

커티 삭

Cutty Sark

King William Walk, London, UK

http://www.rmg.co.uk/Cutty-Sark

마리아주 프레르 마레점 티 박물관

마리아주 프레르의 역사는 1854년에 파리 크로아트르 상 메리 거리에 개관한 '티와 바닐라 수입 전문점'에서 시작되었다. 1982년에는 마리아주 가문의 마지막 후손이 믿을 만한 청년 두 명에게 사업을 인계하였다. 두 청년은 1985년에 전통과 역사에 어울리는 새로운 가게 부지를 파리의 번화가인 마레 지구의 부르티부르^{Bourg-Tibourg} 거리로 결정하였다. 새 가게에서는 티의 판매뿐 아니라 찻잔을 개발하는 데에도 박차를 가하였다.

1991년에 두 청년은 마리아주 가문의 내력, 그리고 새로운 멤버로서 자신들이 힘을 합쳐 발전한 흔적을 남기려는 뜻에서 가게 2층에 박물관을 개장하였다. 동양적인 분위기를 풍기는 오래된 홍차의 패키지, 수제품의 모슬린 티백, 오래된 샘플 티 캔들이 전시되어 있다. 넓은 공간은 아니지만, 그들에게

● 작은 박물관 안에는 마리아주 프레르의 역사에서 빼놓을 수 없는 물건들이 잔뜩 진열되어 있다.

영감을 주고, 또 사랑할 수밖에 없는 마리아주 프레르의 역사를 한눈에 볼 수 있다. 전시품들은 두 청년이 마리아주 프레르의 도매 창고에 처음 발을 내디뎠을 당시의 향수 어린 분위기를 연출하기 위하여 먼지가 뒤덮인 상태로 놓여 있다.

이 박물관은 세계 최초의 홍차 박물관으로 지금도 홍차 애호가들의 많은 사랑을 받고 있다.

● 깊은 향수의 분위기를 자아내는 모슬린 티백들.

마리아주 프레르 마레점의 티 박물관
Mariage Frères, Le Marais, Tea Museum
30 rue du Bourg-Tibourg, Paris
http://www.mariagefreres.com/UK/french_tea_museum.html

홍차 속의 인문학

말레이시아 고원의 휴양지인 카멜론 하일랜드에 있는 '보 티 가든^{BOH Tea Garden}'은 시내 중심가에서도 가깝고, 다원들 사이로 나 있는 길은 최고의 드라이버 코스이다. 구불구불하게 휘어지고 좁은 길가에는 멋진 시설들이 보인다. 다원으로 튀어 나와 있는 것은 티 숍의 테라스석이다.

홍차 가공 공장의 견학은 무료이지만, 해설과 직원의 지도, 그리고 홍차의 비교 테이스팅은 유료로 경험해 보는 것이 좋다.

● 다원 한가운데 있는 보 티 가든.

약속 시간에 맞춰 가공 공장에 도착하면 담당 직원이 기다리고 있다. 이어서 그로부터 티의 가공 과정에 대한 상세한 설명을 들을 수 있다. 가공 공장을 견학한 뒤에는 테이스팅 룸에서 홍차를 테이스팅할 수 있다. 홍차의 등급에 따라 그 맛과 향도 제각각이다. 스트레이트 티로 즐기는 홍차, 밀크 티로 즐기는 홍차 등 다양한 홍차를 비교 테이스팅하여 마음에 드는 것을 구입할 수 있는 매우 친절한 서비스 시스템을 갖추고 있다.

공장을 견학한 뒤에 잠깐 휴식을 취하는데, 다원의 일부를 바라볼 수 있는 티 숍은 최고의 관광 장소이다. 카멜론 하일랜드는 아이들을 동반한 관광객들도 많다. 보 티 가든에는 아이들을 위한 팸플릿 등도 비치되어 있어 가족 여행의 명소로 추천한다.

● 홍차를 우리는 견학 담당 직원.

홍차 속의 인문학

● 다원을 바라보며 갖는 티타임은 결코 잊지 못할 추억을 안겨 준다.

보 티 가든

BOH Tea Garden.

39200 Ringlet, Cameron Highlands, Malaysia

http://www.both.com.my/

◡ 보스턴 티 사건의 선박 박물관 ◡

2004년 화재로 인해 폐쇄된 '보스턴 티 사건 선박 박물관'은 2014년에 다시 개장되었다.

이 박물관의 견학은 완전히 투어제이다. 박물관 입장권을 보스턴 티 사건에 관여한 역사적인 인물의 프로필이 기재된 카드와 교환한 뒤부터는 안내 직원에게서 '지금부터 그 인물인 듯 행동하세요'라는 지도를 받는다.

사실 이 박물관의 견학은 역할극인 셈이다. 안내 직원이 캐스터가 되고, '티 세금 문제'에 대하여 집회장에서 대화를 시작하는 데서부터 인솔이 시작된다. 보스턴 티 사건에 관하여 기본적인 배경 지식을 갖추지 못하면 유감스럽게도 견학이 매우 지루해지기 때문에 준비가 필요하다. 캐스터의 달변에 견학하는 여행객들의 열기도 올라가면서 '더 이상 세금 인상으로 고생하는 일을 용인할 수 없다', '티는 더 이상 필요 없다'고 여행객들이 외치며 흥분하기 시작한다. 이중 지명된 한 여행객이 한 인물 역을 맡아 연설하면 다른 여행객들이 큰 박수로 응하면서 집회장 내의 분위기는 '오늘이야말로 이 티를 바다로 내던져 버리자!'라는 분위기로 흐른다. 여행객들 모두가 항구에 정박하고 있는 영국 동인도 회사의 선박으로 올라탄다. 몇 명의 여행객들이 티 상자를 들고 함성과 함께 바다로 내던져 버린다. 누구라도 할 것 없이, '미국 만세'라며, 함성과 함께 박수가 이어진다. 그야말로 미국적인 퍼포먼스가 아닐 수 없다!

일련의 퍼포먼스가 끝나면, 재현된 영국 동인도 회사의 선박 내를 둘러볼 수 있다. 동인도 회사 사원들이 우아한 은제 티세트로 즐기는 티타임의 모습은 꼭 보아야 할 장면이다. 그리고 박물관 내에는 미국 독립 전쟁의 전개 과정이 상세히 소개되어 있다.

● 미국 어린이들이 수학여행으로 자주 방문하는 보스턴 티 사건의 선박 박물관.

● 입장권에는 보스턴 티 사건에 참가하였던 역사적인 인물의 이름과 프로필이 기재되어 있다.

특히 꼭 보아야 할 것은 보스턴 티 사건에 등장하는 티 상자의 전시이다. 이 티 상자는 오늘날 세계에서 단 두 개밖에 남지 않은 매우 귀중한 유산이기 때문이다. 티 상자의 크기는 오늘날 산지에서 사용하는 티 상자의 크기와 비교하면 약간 작다.

부설 티 숍에서 '보스턴 티 사건 블렌드'의 홍차를 즐긴 뒤에 매장에서 쇼핑도 즐길 수 있다. 여러 브랜드의 홍차를 판매하고 있어 집에서 보스턴 티 사건 블렌드와 비교 테이스팅해 보는 것도 좋다. 가게 내의 진열대에는 보스턴 티 사건의 고풍스러운 빈티지 기념품들이 놓여 있지만, 모두 비매품들이다.

● 배역을 맡은 한 여성 여행객이 연설하는 모습.

● 큰 함성과 함께 티 상자를 바다로 내던지는 재현 모습.

● 비매품인 빈티지의 접시.

보스턴 티 사건의 선박 박물관
Boston Tea Ships & Museum
Congress Street Bridge, Boston, MA, USA
https://www.bostonteapartyship.com/

∼ 해리턴스 티 팩토리 호텔 ∼

스리랑카 누와라엘리야에 위치한 '해리턴스 티 팩토리 호텔'은 홍차를 좋아
한다면 한 번쯤은 꼭 묵고 싶은 이상적인 숙박소이다. 간선 도로에서 옆길을
따라 차량이 오직 한 대밖에 지나갈 수 없는 좁은 길을 내달리면, 어느 순간
다원과 대형 공장이 눈앞에 확 펼쳐진다.

● 홍차 가공 공장을 개조한 해리턴스 티 팩토리 호텔의 외관.

사실, 이 가공 공장이 여행객들이 묵게 될 바로 그 숙박 장소이다. 예전에
홍차 가공 공장이었던 것을 호텔로 개조한 독특한 시설이다. 호텔의 내부에
는 홍차 가공 공장의 흔적들이 곳곳에 남아 있어 향수를 연출하는 분위기
이다. 부지 내에는 작은 홍차 가공 공장도 함께 있어서 찻잎을 따거나 티를
가공하는 작업을 직접 체험해 볼 수 있다. 민속 의상인 사리를 입고 찻잎을
따는 체험은 여행기에서도 최고의 추억으로 남을 것이다. 형형색색의 아름
다운 사리를 입고 모두 웃는 얼굴들은 특히나 인상적이다. 홍차 가공 공장

홍차 속의 인문학

내의 설비는 오늘날 가공 공장의 설비에 비하면 크기가 턱없이 작지만 사용은 가능하다. 또한 미로도 차나무로 조성되어 있어 영국다운 문화도 즐길 수 있다. 이러한 것 하나하나가 모두 작은 즐거움들이다.

아침에 일어나 창밖을 보면, 저 너머로 다원이 광활하게 펼쳐진다. 이토록 아름다운 광경을 보면서, 홍차를 마시며 잠을 떨쳐 내는 작지만 확실한 행복을 느껴 보길 바란다.

● 찻잎 따기의 체험은 예약제로 운영된다.

● 호텔 내부에는 공장의 부품 등이 인테리어로 장식되어 있다.

티 팩토리 호텔

Heritance Tea Factory.

Kandapola, Nuwara Eliya, Sri Lanka

http://www.heritancehotels.com/teafactory/

∽∘⌒ 티 캐슬 세인트 클레어 믈레즈나 티 센터 ⌒∘∽

스리랑카 딤불라 지역의 바타나 국도 거리에 있는 다원 가운데에 갑작스레 나타나는 거대 시설인 '티 캐슬tea castle'은 레스토랑, 티 숍, 홍차 박물관, 그리고 잡화점들이 들어서 있는 복합 시설이다. 스리랑카의 홍차 브랜드 '믈레즈나Mlesna'를 생산하는 업체의 철학이 담겨 있는 장소이다.

영국의 옛 성을 모방한 외관은 성 그 자체이다. 중후한 성문을 들어서면 놀랄 정도로 큰 제임스 테일러의 동상이 우뚝 서 있다. 테일러는 '실론 홍차의 아버지'로 추앙을 받는 인물이다. 이 업체가 스리랑카에서 차나무가 재배된 역사를 중요시하고 있다는 것을 단번에 느낄 수 있다.

● 오래된 성을 모방한 외관.

레스토랑에서는 산지별로 개성이 다른 홍차들을 마실 수 있다. 친절하게 제공되는 홍차는 그 산지에 따라 맛과 향, 그리고 찻빛이 다르다. 티에 대한 초보자라도 산지별로 홍차의 맛을 확연히 구분할 수 있다. 지하에는 티의 가공 과정에 대한 설명과 함께, 실론 홍차의 개척 및 판매와 관련이 있는 영국 홍차 업체가 식민지 시대에 사용하였던 광고들도 진열되어 있어 역사의 소중함을 느낄 수 있다. 레스토랑 안, 상점 벽에 내걸려 있는 전시용 그림도 모두 홍차를 주제로 한 것들이어서 한시도 눈을 뗄 수 없을 정도이다.

● 제임스 테일러의 대형 동상.

홍차 속의 인문학

● 산지에 따라 홍차의 찻빛도 달라진다.

● 오래된 광고 등이 전시되어 있는 자료실.

티 캐슬 세인트 클레어 믈레즈나 티 센터
Tea Castle St. Clair Mlesna Tea Centre
Pantana, Talawakelle, Sri Lanka

독일 북부의 도시 노르덴에 있는 '오스트프리슬란트 티 박물관'은 어른, 아이 할 것 없이 큰 인기를 끌고 있다. 이 지역은 사람들이 휴일에 가족 단위로 홍차 문화를 즐기기 위하여 부산하게 움직이기 때문에 매우 붐빈다. 앞에서 소개하였지만, 이 지역 특유의 홍차를 우리는 방식을 전수 받을 수 있는 티 세리머니는 모두 예약제이다. 사전 예약으로 만원인 경우도 많아 박물관을 견학하기에 앞서 빨리 예약해야 한다.

● 노르덴 시의 관광국이 들어서 있는 근사한 건물.

박물관은 내부가 상상한 것 이상으로 넓고, 전시의 내용도 매우 알차다. 다양하고도 매우 아름다운 찻잔 세트와 필수 아이템인 얼음설탕들이 전시되어 있다. 또 19세기의 홍차 매장도 재현하고 있고, 오스트프리슬란트 지역용으로 블렌딩한 홍차 브랜드도 소개한다. 독일이 개발한 티백 제조 기계도 전시되어 있다. 그 밖에도 차나무의 품종과 재배, 티 가공 과정, 세계 홍차의 통계, 티 성분의 설명 등도 볼 수 있으며, 세계 각국의 티타임 코너도 있다. 홍차를 좋아할 수밖에 없을 정도로 홍차를 체계적으로 설명하는 박물관이 북독일에 있는 것이다.

● 지역 특산의 홍차 브랜드를 소개하는 코너.

● 오스트프리슬란트식으로 홍차를 우리는 방식 대한 설명 코너.

티 세리머니는 15인 정도 수강할 수 있으며, 박물관 직원으로부터 홍차를 우리는 방식에 대한 강의를 30분 정도 들을 수 있다. 티 테이스팅에서는 티 푸드도 함께 나온다. 박물관 내 있는 파티 룸에선 100명 규모의 파티를 열 수 있다.

같은 거리에 서너 채 건너 들어선 건물에 개인이 운영하는 또 하나의 '홍차 박물관'이 있다. 이 박물관은 홍차 그 자체보다는 다기를 중심으로 전시하는 곳이다. 규모는 작지만 이곳도 방문하면 매우 좋은 경험이 될 것이다.

노르덴에서 전차로 30분 정도 떨어져 있는 리르 마을에도 지역 특산의 홍차 브랜드 박물관인 '뷘팅 티 박물관'이 있다. 이 박물관에서도 티 산지들을 설명하는 진열물과 함께 지역 업체에서 생산되는 티 상품과 다기 등을 전시하고 있다. 박물관 내에서 주최하는 티 세미나는 전문가들을 대상으로 하는 것들이다. 세미나 참가는 예약이 필수이며, 홈페이지에서 문의하여 접수하면 된다. 그리고 인접해 있는 뷘팅 티의 티 숍에는 오스트프리슬란트식의 티 타임도 즐길 수 있다.

● 장미꽃 모양으로 번져 나가는 찻잔 속의 크림.

● 홍차의 운송을 설명하는 코너.

● 티 생산지를 소개하는 코너.

오스트프리슬란트 티 박물관
Ostfriesisches Teemuseum
Am Markt 36, Norden, Germany
http://www.teemuseum.de/

티 박물관
Trägerverein TeeMuseum e.V.
Am Markt 33 6506 Norden
http://www.teemuseum-norden.de

뷘팅 티 박물관
Bünting Teemuseum
Brunnenstraße 33, Leer, Germany
https://www.buenting-teemuseum.de/

제6장 세계의 홍차 명소

참고 문헌

角山栄「茶の世界史　緑茶の文化と紅茶の社会」(추오코론샤) 1980.12

磯淵猛「一杯の紅茶の世界史」(분게이슌쥬) 2005.8

磯淵猛「紅茶画廊へようこそ」(후소샤) 1996.10

春山行夫「紅茶の文化史 (春山行夫の博物誌7)」(헤이본샤) 1991.2

滝口晃子「英国紅茶論争」(고단샤) 1996.8

出口保夫「英国紅茶の話」(도쿄쇼세키) 1982.7

荒木安正「新訂　紅茶の世界」(시바타쇼텐) 2001.4

角山榮「茶ともてなしの文化」(NTT출판) 2005.9

杉浦昭典「大帆船時代　快速帆船クリッパー物語」(추코신쇼) 1979.6

小野次郎「紅茶を受け皿で　イギリス民衆芸術覚書」(쇼분샤) 1981.2

ヴィクター・H・目ア、アーリン・ホー、忠平美幸訳「お茶の歴史」(가와데쇼보신샤)
2010.9

松崎芳朗「「年表」茶の世界史」(야사카쇼보) 2007.12

大原千晴「食卓のアンティークシルバー　Old Table Silver」(분카출판국) 1999.9

デレック・メイトランド、ジャッキー・ハスモア、井ヶ田文一訳「絵で見るお茶の5000
年」(긴카샤) 1994.8

櫻庭信之「絵と文学　ホガース論考」(겐큐샤) 1987

日本紅茶協会「紅茶の大事典」(세이비도출판) 2013.3

Cha Tea紅茶教室「紅茶のすべてがわかる事典」(나츠메샤) 2008.12

ジョン・コークレイ・イットサム、滝口明子訳「茶の博物誌、茶樹と喫茶についての考
察」(고단샤) 2002.12

出口保夫「知っておきたい英国紅茶の話」(랜덤하우스 코단샤분코) 2008.9

Cha Tea紅茶教室「図説　英国ティーカップの歴史　紅茶でよみとくイギリス史」
(가와데쇼보신샤) 2012.5

Cha Tea紅茶教室「図説　英国紅茶の歴史」(가와데쇼보신샤) 2014.5

名古屋ボストン美術館「図録　紅茶とヨーロッパ陶磁の流れ」2001.3

磯淵猛「世界の紅茶　400年の歴史と未来」(아사히신문출판) 2012.2

홍차 속의 인문학

磯淵猛「30分で人生が深まる紅茶術」(포푸라샤) 2014.2

ヘレン・サベリ「お茶の歴史 (「食」の図書館)」(하라쇼보) 2014.1

横川善正「ティールームの誕生　＜美覚＞のデザイナーたち」(헤이본샤) 1998.4

三谷康之「イギリス紅茶時点」(니치가이어서시에이츠) 2002.5

日本紅茶協会「現代紅茶用語辞典」(시바타쇼텐) 1996.8

鈴木ゆみ子「紅茶大事典」(분엔샤) 2006.3

ビアトリス・ホーネガー　平田紀之訳「茶の世界史　中国の霊薬から世界の飲み物
へ」(하쿠수이샤) 2010.2

佐野満昭、斉藤由美「紅茶の保険機能と文化」(아이케이코퍼레이션) 2008.5

稲田信一「改訂版　紅茶入門 (食品知識ミニブックスシリーズ)」(니혼쇼쿠료신문
샤) 2016.7

アラン・マクファーレン　アイリス・マクファーレン、鈴木実佳約「茶の帝国　アッサ
ムと日本から歴史のなぞを解く」(치센쇼칸) 2007.3

松下智「アッサム紅茶文化史」(유잔카쿠출판) 1999.2

W. H. ユーカース、杉本卓約「ロマンス・オブ・ティー　緑茶と紅茶の1600年」(야사
카쇼보) 2007.6

千野境子「紅茶が動かした世界の話」(고쿠도샤) 2011.2

奥田実紀、竹永絵里「紅茶を巡る静岡さんぽ」(마일스텝) 2015.11

川北稔「砂糖の世界史」(이와나미주이어신쇼) 1996.7

ハリシュ・C・ムキア　井上智子訳「ダージリン茶園ハンドブック」(마루젠출판) 2012.7

티소믈리에를 위한

홍차 속의 인문학

영국식 홍차의 르네상스

2018년 8월 20일 초판 발행
2024년 4월 20일 2쇄 발행

지 은 이 ｜ Cha Tea Koucha Kyoushitsu
번   역 ｜ 한국 티소믈리에 연구원
감   수 ｜ 정승호
펴 낸 곳 ｜ 한국 티소믈리에 연구원
출판신고 ｜ 2012년 8월 8일 제 2012-000270 호
주   소 ｜ 서울시 성동구 아차산로 17 서울숲 L타워 1204호
전   화 ｜ 02) 3446-7676
팩   스 ｜ 02) 3446-7686
이 메 일 ｜ info@teasommelier.kr
웹사이트 ｜ www.teasommelier.kr

펴 낸 이 ｜ 정승호
출판팀장 ｜ 구성엽
디 자 인 ｜ 이효미

한국어 출판권 ⓒ 한국 티소믈리에 연구원(저작권자와 맺은 특약에 따라 검인을 생략합니다)

ISBN 979-11-85926-47-6(13590)

값 22,000원

이 도서의 국립중앙도서관 출판예정도서목록(CIP)은 서지정보유통지원시스템
홈페이지(http://seoji.nl.go.kr)와 국가자료공동목록시스템(http://www.nl.go.kr/kolisnet)에서
이용하실 수 있습니다.(CIP제어번호: CIP2018023111)

한국티소믈리에연구원은 국내 최초의 티(tea) 전문가 교육 및 연구 기관이다. 티(tea)에 대한 전반적인 이론 교육과 함께 티 테이스팅을 통하여 다양한 맛을 배워 가는 과정으로 창의적인 티 소믈리에와 티블렌딩 전문가, 티 베리에이션 전문가를 양성하는 데 주력하고 있다.

티소믈리에는 고객의 기호를 파악하고 티를 추천하여 주거나 고객이 요청한 티에 대한 특성과 배경을 바로 알아 고객에게 추천하는 역할을 한다. 티블렌더는 티의 맛과 향의 특성을 바로 알아 새로운 블렌딩티(blending tea)를 만들 수 있는 전문가적 지식과 경험이 필요하다.

티소믈리에, 티블렌딩, 티베리에이션 전문가 교육 과정은 2급, 1급 자격증 과정과 골드 과정을 운영하고 있다. 사단법인 한국티(TEA)협회와 한국티소믈리에연구원이 공동으로 주관하고, 한국직업능력개발원이 공증하는 2급, 1급 자격증은 단계별 프로그램을 이수한 후 자격시험 응시가 가능하다. 골드 과정은 티소믈리에, 티블렌딩 Advanced 수료자를 대상으로 한 티 전문가 교육 과정이다. 골드 과정은 각 교육 과정의 깊이 있는 연구를 통해 티 전문가로서 갖춰야 할 전문 교육 프로그램을 이수하여 강사로 활동하거나 지식과 경험을 통합하여 티(TEA)비즈니스에 대해 이해할 수 있는 프로그램으로 티 산업의 다양한 영역에서 활동할수 있도록 한다.

현재 한국티소믈리에연구원은 본원에서 교육 및 연구를 진행하고 R&D센터에서 교육 및 응용, 개발을 실시하고 있으며, 지금까지 수많은 티 전문가들을 배출해 왔다.

사단법인 **한국티(TEA)협회 인증**

티소믈리에 & 티블렌딩 & 티베리에이션 전문가 교육 과정 소개

- 티소믈리에, 티블렌딩, 티베리에이션 2급, 1급 자격증.
  - 사단법인 한국티협회와 한국티소믈리에연구원이 공동으로 주관.

- 티소믈리에 2급, 1급 자격증 과정
  - 티소믈리에 2급
  - 티소믈리에 1급

- 티소믈리에 골드 과정
  - 강사 양성 과정, 티 비즈니스의 이해 과정.

- 티블렌딩 2급, 1급 자격증 과정
  - 티블렌딩 2급
  - 티블렌딩 1급

- 티블렌딩 골드 과정
  - 강사 양성 과정, 티블렌딩 응용 개발 과정.

- 티베리에이션 교육 과정
  - 티베리에이션 2급
  - 티베리에이션 1급

한국 티소믈리에 연구원

출간 도서

티소믈리에를 위한
영국 찻잔의 역사·홍차로 풀어보는 영국사

티소믈리에를 위한
〈영국식 홍차문화 이야기〉 시리즈 제1권

서양 티의 시작에서부터 영국 도자기 산업의 탄생,
애프터눈 티의 문화, 찻잔과 홍차의 미래상을 소개한다

티소믈리에를 위한
허브티 블렌딩

허브에 대한 상세한 소개와
목적별 블렌딩 레시피

65가지 허브의 맛과 향, 성분,
블렌딩에 관련한 에피소드까지!
성분별·목적별 허브티 음용에 유용한 허브티의 교과서!

티소믈리에를 위한
중국차 바이블

홍차 · 녹차 · 청차 · 백차 · 흑차 ·
황차 · 꽃차 · 공예차 등 중국차의 총결서!

차마무역으로 거래된 총 137종의
중국차와 차별 제다법,
향미의 비밀, 그리고 건강 효능에 관한 모든 것!

티 세계의 입문을 위한
국내 최초의 '티 개론서'

티의 역사 · 테루아 ·
재배종 · 티테이스팅 등

전 세계 티의 기원, 산지,
생산, 향미, 테이스팅을
과학적으로 체계화한 개론서이다!

뉴 트렌드, 티의 신세계
티블렌딩

맛있고 재미있는 나만의 티블렌딩을
'도전', '시작'해 보세요!

티, 허브, 과일, 꽃, 향신료 등 다양한 재료들로
새로운 향미의 예술을 창조하는 티블렌딩의 준비 사항,
블렌딩 기술, 블렌딩 황금률 10항목 등의 '티블렌더 가이드'.

CHAI
인도 홍차의 모든 것

영국식 홍차의 시작, 인도 홍차의 숨은 이야기!

홍차 생산 세계 1위인 인도 정부의 주한 인도 대사가
공식 추천한 인도 홍차의 기념비적인 책!
인도 홍차의 모든 내용을 화려한 사진들과 함께 소개한다!

티소믈리에가 만드는
티칵테일

티 · 허브 · 스피릿츠, 그 절묘한 믹솔로지!

역사상 가장 오래된 두 음료, 티와 칵테일을
셰이킹해 티칵테일을 만드는 실전 가이드!
다양한 향미의 티와 허브, 생과일,
칵테일의 환상적인 셰이킹을 소개한다.

기초부터 배우는 홍차

사단법인 한국티협회
'홍차 마스터' 과정 지정 교재

누구나 홍차 전문가가 될 수 있도록
홍차 40년 경력의 베스트셀러 저자가
'홍차의 기초부터 모든 것'을
들려주는 총정리서!

세계 티의 이해
Introduction to tea of world

세상의 모든 티, 티의 역사와 문화,
티를 즐기는 세계인, 티 여행 명소,
다양한 티 레시피,
그리고 그 밖의 모든 티들을 소개한다.

티 아틀라스
WORLD ATLAS OF TEA

티 세계의 로드맵! '커피 아틀라스'에 이은
〈월드 아틀라스〉 시리즈 제2권!

전 세계 5대륙, 30개국에 달하는
티 생산국들의 테루아, 역사, 문화
그리고 세계적인 티 브랜드들을 소개한다.

티소믈리에 2급, 1급 자격 과정 교재

티소믈리에 이해 1 _ 입문

티소믈리에 2급 자격 과정 교재

티의 정의에서부터 티 테이스팅의 이해,
티의 역사, 식물학, 티의 다양한 분류,
허브티, 블렌디드 허브티 등의
교육을 위한 개론서.

티소믈리에 이해 2 _ 심화_산지별 I

티소믈리에 2급 자격 과정 교재

홍차의 이해에서부터 인도 홍차,
스리랑카 홍차, 다국적 홍차, 중국 홍차,
중국 흑차(보이차) 등의
교육을 위한 심화 교재.

티소믈리에 이해 3 _ 심화_산지별 II

티소믈리에 1급 자격 과정 교재

녹차의 이해에서부터 중국 녹차,
일본 녹차, 우리나라 녹차, 중국 청차(우롱차),
타이완 청차(우롱차), 백차, 황차 등의
교육을 위한 심화 교재.

대한민국 No. 1,
티 교육 및
전문 연구 기관

사단법인
한국티협회 인증

티소믈리에 이해 4 _ 심화_올팩토리

티소믈리에 1급 자격 과정 교재

커핑(테이스팅)의 방법에서부터
식품 관능 검사, 맛의 생리학,
감각의 표현 기술, 올팩토리 등의
교육을 위한 심화 교재.

티블렌딩 전문가 2급, 1급 자격 과정 교재

티블렌딩 이해 1 _ 입문_블렌딩

티블렌딩 전문가 2급 자격 과정 교재

티블렌딩의 정의에서부터 홍차 블렌딩의
기본 기술, 다국적 블렌딩 홍차,
가향·가미된 홍차, 허브티 블렌딩 등의
교육을 위한 개론서.

티블렌딩 이해 2 _ 심화_블렌딩

티블렌딩 전문가 1급 자격 과정 교재

백차, 녹차의 블렌딩 기술에서부터
가향·가미된 녹차, 가향·가미된 홍차,
청차(우롱차), 흑차(보이차), 허브티 블렌딩,
한방차 블렌딩 등의 교육을 위한 심화 교재.